Up Style

기법에 따른

업스타일

구민사

저자 약력

이미정 엘미강 헤어 대표

김주섭 상지대학교 뷰티디자인학과 교수

기법에 따른 **업스타일**

초판 인쇄 2020년 11월 23일
초판 발행 2020년 12월 1일

저 자 | 이미정·김주섭
발 행 인 | 조규백
발 행 처 | 도서출판 구민사
(07293) 서울시 영등포구 문래북로 116, 604호(문래동 3가 46, 트리플렉스)
전 화 | (02) 701-7421~2
팩 스 | (02) 3273-9642
홈페이지 | www.kuhminsa.co.kr
신고번호 | 제2012-000055호(1980년 2월 4일)

I S B N | 979-11-5813-885-1(93590)
정 가 | 26,000원

기법에 따른 업스타일

이미정·김주섭

Introduce 이 책을 펴내면서…

미용 분야에서 업스타일은 다른 미용 분야인 커트, 염색, 퍼머, 두피관리 등의 분야보다 많이 행하여지지는 않는다. 그러나 업스타일은 미용분야에서 꼭 필요한 분야이다. 이러한 업스타일은 미용장, 기능경기대회 출제의 한 분야로 활용되고 있다.

현장에서 업스타일 고객이 방문할 시 미용 경력이 오래 된 원장님이나 디자이너 선생님이 디자인 연출을 한다. 본 저서는 미용경력이 많은 원장님이나 디자이너 선생님이 아니더라도 책을 보고 업스타일을 연출할 수 있도록 기본에 충실하여 집필하였다.

업스타일 이론인 업스타일 정의, 업스타일 도구를 설명하였고 예술사조 & 감성과 업스타일의 연관성에 대해 설명하였다. 또한 기본에 충실하기 위해 업스타일 디자인 기법에 대해 설명하였다. 이러한 디자인 기법인 땋기, 꼬기, 말기, 겹치기, 매듭 기법을 적용한 다양한 작품을 시술사진과 설명으로 구성하였다.
꼭 헤어 분야에 종사하는 분이 아니더라도 누구나 책을 보고 업스타일을 디자인할 수 있도록 구성하였다.
이 책이 조금이나마 업스타일에 관심이 있는 분들에게 도움이 되었으면 한다.

끝으로 업스타일 연출 시 작품의 모델이 되어준 분들에게 깊은 감사를 드리고, 출간이 되기까지 도움을 주시고 협조해주신 도서출판 구민사 조규백 사장님과 임직원 여러분께 깊은 감사를 드린다.

저자 일동

Contents 목차

UP STYLE

제1장

업스타일(UP-STYLE) 정의

1 업스타일 개념

헤어미용에서 업스타일은 '머리카락을 땋기, 꼬기, 고리, 매듭 등의 모양을 만들거나, 모발 다발을 묶어 두상의 어느 위치에 토대(중심)를 잡고 포인트 등 표현하고자 하는 여러 형태의 스타일을 연출하는 것이다. 고전적인 업스타일은 전통의상인 한복패션과 어울리게 내림머리에 비녀 등을 활용하기도 하고, 쪽을 짓거나, 대개 머리를 단정하게 하고 위엄을 보이게 하는 등 올림머리 위주였으나, 시대가 변화면서 전통적인 스타일과 차이가 있는 업스타일로 모발을 자연스럽게 내리거나, 틀어 올려서 고정하거나, 거친 질감 등을 표현하는 등 세미스타일의 업스타일이 디자인되고 있다.

업스타일의 헤어 디자인적 이미지는 간결하고 단아함, 우아하면서도 품위 있는 등 격식을 표현하는 연출 방법이다. 업스타일은 주로 격식을 요하는 장소, 행사 등에 참여 시 요구되는 헤어스타일이다.

업스타일은 다양한 기법에 의한 예술적이고 조화미 있는 디자인을 강조하고, 균형과 조형감각이 필요하다. 업스타일은 기본 테크닉 기법을 바탕으로 반복되는 연습과 창의적인 디자인 적용 등 경험과 지식이 함께 융합되어 원하는 스타일의 작품으로 표현된다.

2 업스타일의 조형성

예술분야 중 공간적이면서 형태의 시각적 예술품을 표현하는 일을 조형예술이라고 한다. 조형이란 여러 가지 재료를 이용하여 구체적인 형태나 형상을 만드는 것이다. 업스타일에서의 조형이란 모양과 색채, 질감에 의해서 이루어지고 세 가지 요소가 융합되어 디자인이 표현된다. 업스타일도 형태에 의해 표현되며 아름다움을 추구하기에 조형 예술의 한 분야라 할 수 있다.

3 업스타일의 디자인 요소

1) 형태(Form) : 윤곽, 실루엣

형태는 시각적으로 전체적인 외형이라고 정의할 수 있다. 형태란 평면이나 볼륨을 표현하면서 모양, 크기, 색채, 질감의 모든 시각적 요소로 이루어져 눈에 보이는 실재를 말한다.

(1) 모양과 크기

① 원형(Circle)

상·하·좌·우 길이, 넓이, 높이가 일정하게 균형이 잡힌 형이다.

② 편구형(Oblate)

좌·우로 넓이가 길게 늘어진 형이다.

③ 장구형(Prolate)

위·아래 길이 방향으로 길게 늘어진 형이다.

(2) 토대(묶음) 위치에 따른 느낌 표현

골덴 부분	백 부분	네이프 부분
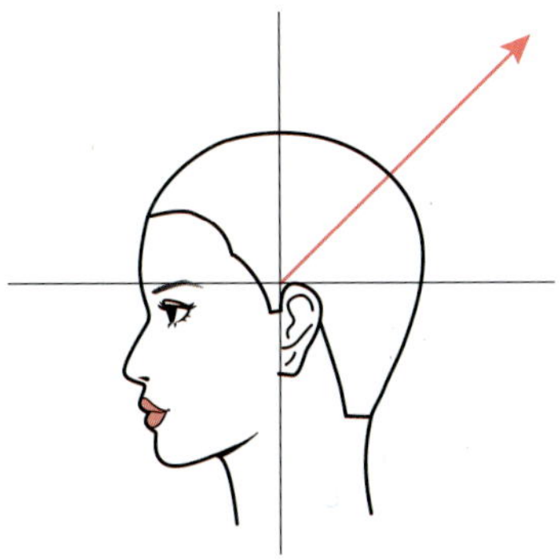	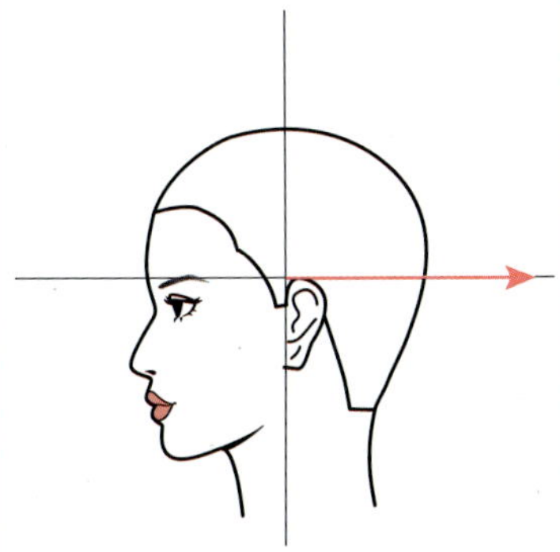	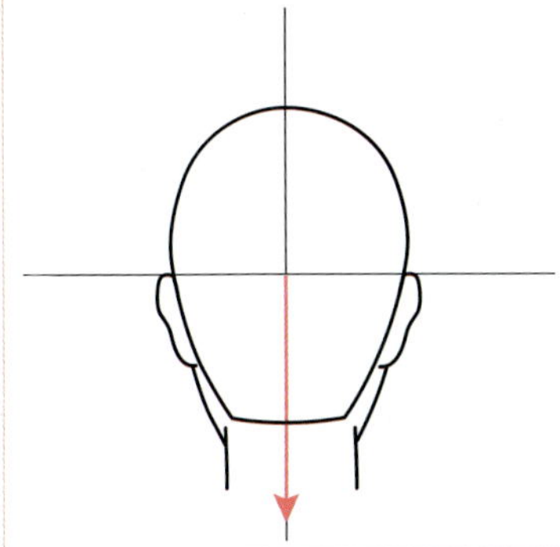

활동적, 경쾌감, 발랄함	안정, 평온, 단순	엄격, 위엄, 간결한 형태

프론트 부분	톱 부분	비대칭 부분
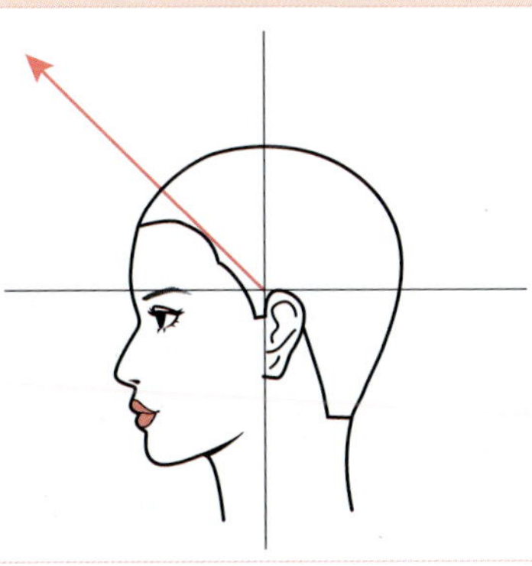	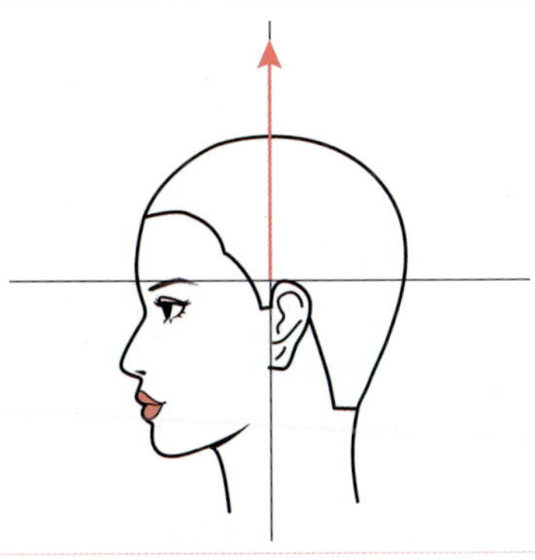	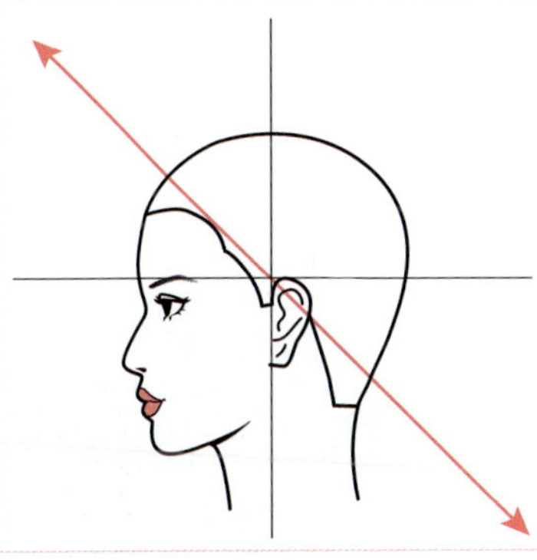
화려함, 관능적임	열정, 화려, 섹시함	화려함, 율동감, 세련됨

2) 토대(형태)의 방향

① 업스타일에서 강조하고자 하는 위치, 디자인 크기(볼륨)에 의해 결정한다.

② 중심 토대는 모다발을 묶은 직선과 곡선으로 구성되며 형태의 방향, 진행 방향을 알 수 있다.

3) 질감(Texture)

모발에서 느껴지는 표현의 촉감, 시각적 느낌, 빛의 반사, 다양한 기법으로 질감이 다르게 느껴진다. 헤어디자인에서 질감이란 머릿결(모질)에서 느껴지는 거친, 간결, 부드러움 등의 느낌을 말한다. 업스타일에서 느껴지는 질감은 표면이 '매끄럽다', '부드럽다', '거칠다' 와 같이 표현한다.

(1) 매끈한 질감(Unactivated)

고리(Loops), 말기(Roll), 직모(Straight Hair) 등의 기법으로 빗질이 잘 정리 정돈된 스타일로 전체적인 표면이 매끈한 것을 말한다.

(2) 거친 질감(Activated)

꼬기, 땋기, 매듭 등의 기법으로 연출된 스타일의 표면이 매끄럽지 않고 일정한 패턴 등으로 울퉁불퉁한 느낌을 말한다.

(3) 혼합형 질감(Combination)

매끈함과 거친 느낌의 질감이 혼합된 스타일을 말한다.

매끈한 질감

거친 질감

혼합 질감

4) 색채(Color)

빛의 반사를 통해 볼 수 있는 요소이다.

색채는 물체에 빛이 반사될 때 얻어지는 시각적 효과로서 질감과 부피를 느끼게 하는 디자인 요소이며, 일반적으로 디자인에 가장 강한 영향을 준다. 색채는 또한 생동감과 방향감에 대한 착각을 일으키게 하여 시선을 특정한 부분으로 유도한다. 즉 전체적인 머리형은 그대로이지만 질감과 부피, 색채로 인해 표현되는 느낌이 다를 수 있다.

(1) 명도가 낮은 컬러

명도가 낮은 어두운 컬러는 깊이감, 안정감이 있으며 중후한 느낌이 있다.

(2) 명도가 높은 컬러

명도가 높은 밝은 컬러는 활발한 느낌이 들며 형태감, 기법표현 등이 어두운 컬러보다는 더 잘 보인다.

(3) 혼합 컬러

국제·지방 기능경기대회, 미용장 시험, 미용실에서의 투 톤 또는 쓰리 톤 표현 등에 사용하는 컬러 기법으로, 웨이브 흐름, 기법의 연출 시작점과 끝의 위치를 알 수 있다.

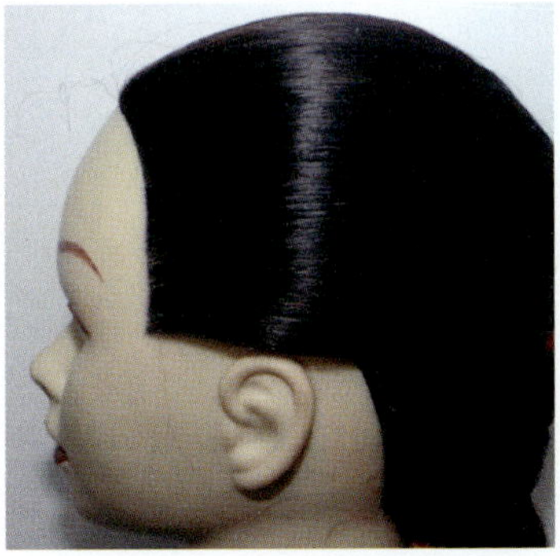

낮은 명도

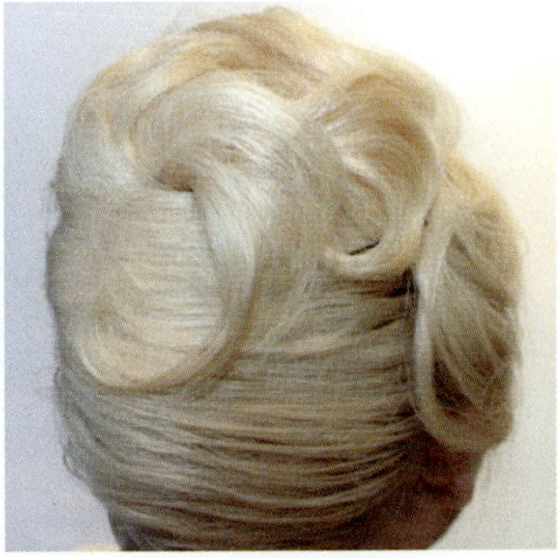

높은 명도

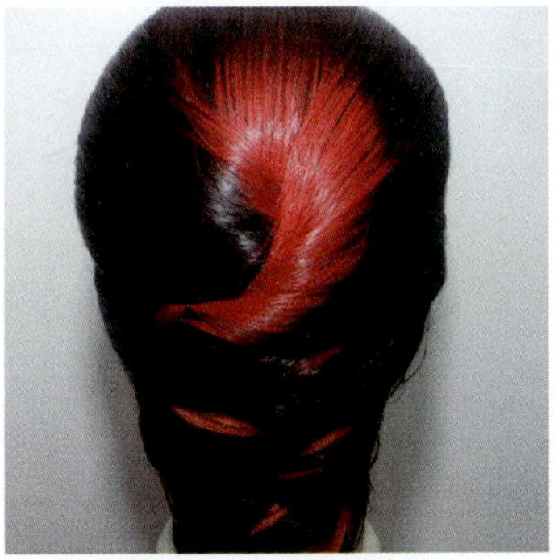

혼합 컬러

❹ 업스타일과 디자인 법칙(Design Principal)

디자인 구성 요소는 패턴인 형태, 질감, 색상의 3가지 디자인 요소와 여러 가지 주요 디자인 법칙으로 균형, 강조, 율동, 통일, 조화 등을 접목시켜 연출한다. 단독 또는 혼합 사용하여, 다양한 디자인을 구성하기도 한다. 업스타일을 디자인 할 때는 형태, 질감, 색상과의 상호관계를 고려하여 디자인한다.

1) 균형(Balance)

디자인의 시각적, 실제 무게감을 의미한다.

(1) 대칭(Symmetry)

중심선이나 중심축의 양쪽에 크기와 모양이 균형 있게 위치, 실제 무게감도 똑같이 나뉘어진다.

(2) 비대칭(Asymmetry)

중심선이나 중심축의 양쪽에 크기와 모양이 균형 없고 다르게 위치되어 무게감도 다르다.

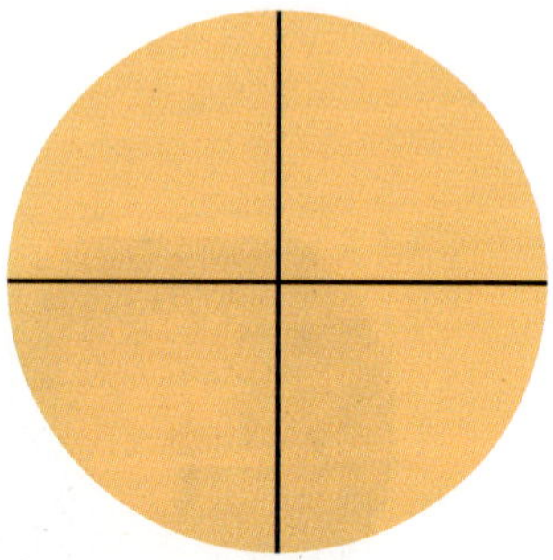

대칭

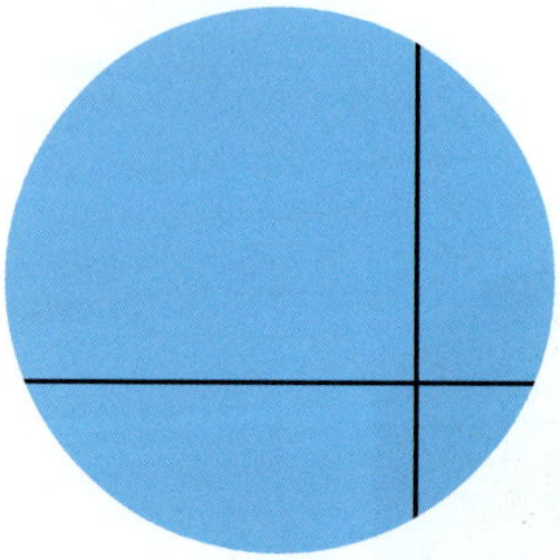

비대칭

2) 강조(Dominance)

업스타일 디자인의 중심, 강조된 주된 부위이다.

업스타일 연출 시에 형태 위치, 질감 정도, 또는 색상을 통해 다양한 방법의 강조를 표현할 수 있다.

3) 반복(Repetition)

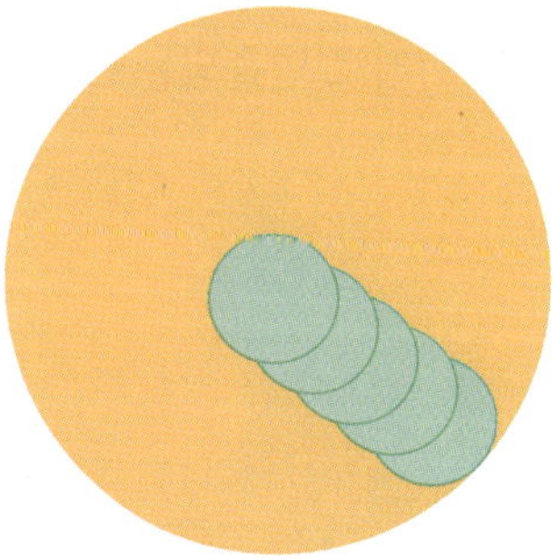

한 가지의 기법이나, 디자인 요소가 동일하게 반복적으로 배열 연결 연출되는 것으로 운동감을 표현할 수 있다.

4) 교대(Alternation) : 두 개 이상의 기법과 디자인 요소가 연속적인 순서로 반복하여 연출된다.

5) 진행(Progression) : 디자인 요소가 점점 증가, 점점 감소하는 것으로 동적인 느낌이 있으며 비율적인 단계로 연속하여 연출된다.

6) 대조(Contrast) : 디자인 요소, 색상 등이 서로 상반되는 느낌의 이미지로 연출되는 스타일이다.

5 업스타일과 디자인 결정 요소(Design Decisions)

업스타일 시 디자인 결정을 위해 고려해야할 사항이다.

1) 얼굴형

얼굴형은 모든 헤어 디자인 시술 시 고려 대상이며 업스타일 연출 시 역시 얼굴형에 따라 강조해야 할 위치, 단점을 보완 할 위치 등을 결정해야 한다.

(1) 둥근형 얼굴

얼굴길이가 둥근형은 계란형(타원형)의 이미지가 되도록 전두부(프론트)와 두정부 부위에 볼륨감 있는 연출을 하고 양사이드 볼륨을 최소화하는 디자인을 한다.

(2) 삼각형 얼굴

얼굴 하단 턱 부위가 넓고 이마 부위가 좁은 형으로 이마 양쪽 부위에 볼륨감과 강조하는 디자인으로 균형, 비례를 맞춘다.

(3) 장방향 얼굴

얼굴이 긴 형은 톱 부위에 볼륨을 감소시키고 양 사이드 부분에 볼륨 포인트를 주어 전체적인 이미지가 길어 보이지 않고 계란형에 가깝도록 디자인한다.

(4) 역삼각 얼굴

삼각형의 얼굴과 반대로 이마가 넓고 턱 부위가 좁은 형으로 디자인 시 이마, 양 사이드 볼륨을 감소시키고, 하단 턱 부위에 볼륨, 강조를 하여 균형을 맞춘다.

(5) 마름모형 얼굴

좁은 이마와 턱을 가진 형으로 디자인 시 이마 부위에 볼륨감 있게 디자인하고 아래 부위도 디자인하여 균형을 맞춘다.

(6) 사각형 얼굴

얼굴 턱 부위가 각이 진 형으로 남성다운 느낌이 강하다. 전체적으로 두상의 외형을 부드럽고 볼륨감 있게 디자인하여 부드러운 인상을 주도록 한다.

(7) 오목한 얼굴

이마와 턱 부위가 앞으로 돌출된 형으로 전두부(프론트) 부위 머리를 짧게 하여 이마 부위를 감싸고 목(네이프)부분을 볼륨 있게 디자인한다.

(8) 볼록한 얼굴

이마와 턱이 들어가고 코 부위가 돌출된 형으로 이마에 컬이나 뱅으로 디자인하고 네이프 양 사이드에 뱅을 디자인한다.

2) 신체적 구조

키는 업스타일 연출 시에 영향을 준다. 키가 크고 작음에 따라 디자인 시 토대, 패턴 강조 포인트 위치 등을 결정해야 한다. 또한 외형이 마른 체형인지, 뚱뚱한 체형인지 고려하여 체형과 비례 또는 강조를 결정하고 연출한다.

3) 머리길이와 머리형

머리길이에 따라 표현할 수 있는 디자인은 어떤 디자인을 표현하고자 할 때 한정 될 수 있다. 머리길이를 고려하여 디자인과 기법, 시술을 고려해야 하고 머리형에 따라 강조 패턴 위치 등을 고려해야 한다.

4) T.P.O

참석해야 할 장소, 시간, 상황 따라 업스타일 연출 시 고려해야 한다. 예를 들어 결혼식, 파티 등에 따라 업스타일 연출 시 우아함, 여성스러움, 귀여움 등을 고려하여 연출해야 한다.

5) 패션

업스타일 연출 시 패션을 고려하여야 한다. 패션의 디자인과 색상 등에 따라 업스타일을 연출하여야 한다.

6) 고객이 원하는 스타일

고객의 원하는 스타일이 무엇인지 먼저 고객과 상의한 후 디자인한다. 고객에 따라 화려함 또는 단정함을 원하는 사람이 있을 수 있다.

7) 최신 트렌드

헤어디자이너는 항상 트렌드를 파악하여 고객 시술 시 고려해야 한다.

예를 들어 젊은 층은 고적적인 업스타일 보다 자연스러움이 잘 표현된 세미 업스타일을 원하기도 한다. 때문에 디자인, 색상, 기법의 트렌드가 무엇인지 알고 있어야 한다.

8) 모발 밀도

모발의 숱 정도를 고려하여 백코밍이나 보조물(싱)을 넣어 볼륨, 강조를 연출할 수 있다.

9) 연령

고객의 연령을 고려하여 귀여움, 단정함, 화려함, 우아한 업스타일 연출을 해야 한다.

10) 헤어컬러, 메이크업

헤어컬러와 메이크업의 바탕색, 색채적인 면을 고려하여 연출한다.

둥근형

삼각형

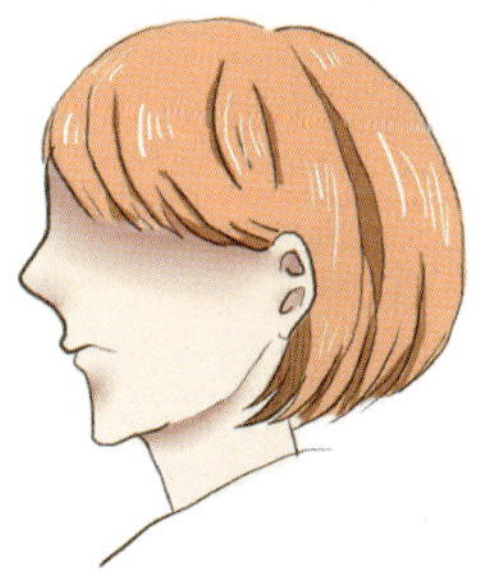
장방형

역삼각형

마름모형

사각형

UP STYLE

제2장

업스타일과 예술사조 & 감성

❶ 아르누보(Art Nouveau)

아르누보의 특징은 현대 헤어디자인에서도 작품을 연출할 때 그 특징들이 모티브로 활용되고 있다. 또한 장식적인 요소와 구조 등이 적용되어 헤어디자인 뿐만 아니라 타 분야의 디자인에도 표현되고 있다.

아르누보 특징들을 종합해 보면 유기적인 곡선과 자연적 모티브, 구성적 아르누보인 비대칭적인 구조, 신비적 아르누보인 부드러우면서 밝고 은은한 색조라고 분류할 수 있다. 아르누보의 조형적 특징은 다양한 표현 기법을 통해 업스타일에도 접목되고 있다. 구조적 형태 측면에서 볼 때 비대칭인 구조가 가장 큰 특징으로 나타난다. 비대칭 구조는 아르누보 양식에 있어서 불균형은 생명과 운동을 암시하는 격동적인 요소를 보여주는 특징이다.

업스타일에서의 아르누보 양식은 불균형에 의한 조화, 과장된 비례, 좌우비대칭이 강조되어 거의 모든 면에 나타나게 된다. 자연인 모티브와 유기인 선의 도입 측면에서 보면, 식물과 같은 유기 형태에서 감을 얻어 업스타일에 표현할 수 있다. 또한 곡선에 모든 디자인의 근본을 두며 아르누보 양식은 식물의 형태에 기한 자유롭게 흐르는 선이 특징이다.

자연적인 모티브 활용

유기적인 곡선

② 미니멀리즘(Minimalism)

미니멀리즘은 1960년대 말 주로 미국 뉴욕시에서 시작된 시각예술과 음악분야의 운동으로 극도로 단순한 형태의 표현과 즉자적·객관적인 접근을 특징으로 한다. 미국의 젊은 작가들이 '최소한의 예술'이라고 번역하기도 하며, '적은 것이 아름답다' 혹은 '작은 것이 아름답다'는 심미적 원칙에 기초를 두고 있는 예술 전통을 말한다. 여기에서 '최소한' 이란 일루션(illusion)의 극소화를 의미하는 것으로 회화의 감동성, 마티에르의 풍부함 내지는 자기표현은 곧 예술이라는 신화를 기본으로 하는 종래의 예술개념을 거부하는 입장에서 출발하였다. 작품들이 공통적으로 최소한의 예술적 내용을 지니는 것으로 보고 그러한 작품의 경향에 대해 '미니멀 아트'라는 이름을 붙였다.

업스타일에서의 미니멀리즘은 작은 것, 적은 것 의미와 단순함으로 표현될 수 있다.

땋기, 꼬기 등의 기법으로 입체적으로 표현할 시 단순하게 표현될 수 있고, 고리 등의 기법으로 최소한의 포인트 등을 작고 단순하게 표현할 수 있다.

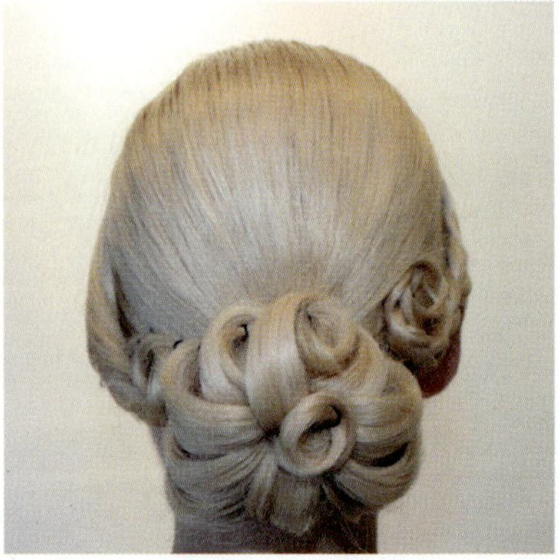

말기의 단순화

꼬기의 단순화

③ 에스닉(Ethnic)

에스닉(Ethnic)에 대한 사전적 의미는 민족적인, 전통적인의 의미를 가진다. 특히 아프리카, 중동, 중남미, 중앙아시아, 몽고 등의 스타일을 가리키는 것이다. 민족의상이 가지는 독특한 색이나 소재, 수공예적인 디테일 등을 넣어 도시생활에서 활력을 찾고자 표현된 것이다. 에스닉은 토속적이고 비교적 원형이 그대로 간직된 표현상태라 할 수 있다.

업스타일에서의 에스닉 표현은 민속 고유의 토속적인 소박함이 가미된 느낌의 이미지이다. 가운데 가르마나 옆 가르마 또는 가르마 없이 볼륨 없는 매끄러운 질감의 헤어스타일을 하여 뒤로 땋기 또는 꼬기 등의 기법으로 묶거나 자연스럽게 흘러내리는 듯한 긴 머리의 세미 업스타일로 표현할 수 있다.

뒤로 땋기, 꼬기 등의 기법으로 묶거나 자연스럽게 흘러내리는 이미지

❹ 로맨틱(Romantic)

로맨틱은 감성적 의미로 낭만적이고, 부드럽고, 달콤한 사랑을 꿈꾸는 듯한 이미지로 풍성하고 부드러운 롱 웨이브 스타일과 굵은 웨이브와 자연스러운 업스타일로 로맨틱한 느낌의 부드러움을 강조한 스타일이다. 또한 길고 굵은 웨이브에 묶거나 땋은 머리에 앞머리 내림과 핀, 리본 등의 액세서리를 사용하여 여성스러운 스타일을 표현한다.

길고 굵은 웨이브에 묶거나 땋은 머리

❺ 내추럴(Natural)

내추럴의 감성적 이미지 헤어스타일은 청순한 느낌의 자연스러운 스타일로 층이 있거나, 층이 적은 긴 솔리드 커트형의 스트레이트 헤어에 약간의 자연스러운 웨이브, 모 다발을 가볍게 틀어 올리거나, 늘어뜨리는 업스타일로 연출하여 자연스러움을 표현할 수 있다.

자연스러운 웨이브 늘어뜨린 이미지

6 엘레강스(Elegance)

엘레강스 의미는 '우아하다'이다. 국어사전에서 찾아보면 주로 사람의 외모, 행동방식, 예를 들어 차림새, 말씨 등을 서술하는 용어로서 사용되고 있음을 알 수 있다. 우아함은 고상하고 품격 있는 아름다움을 의미한다.

업스타일에서의 엘레강스는 우아하고 고상하며 단정한 품위 있는 이미지와 웨이브가 굵고 릿지가 단정한 스타일이다. 부드러운 웨이브가 강조된 헤어스타일이나 가볍게 묶은 스타일, 여성스러운 액세서리와 우아하게 올린 업스타일로 기품이 있고 고급스러운 여성의 이미지를 말한다.

부드러운 웨이브 강조, 액세서리와 올린 업스타일

7 클래식(Classic)

클래식은 모발을 깔끔하게 빗어 넘겨 목 뒤 선에 하나로 묶은 스타일, 웨이브가 들어가지 않고 볼륨감만 준 심플하고 정돈감 있게 업스타일에서 표현할 수 있다. 깔끔하게 뒤로 빗어 넘겨 묶은 스타일이 전통적인 클래식함을 표현한다.

볼륨감만 준 심플하고 정돈된 이미지

UP STYLE

제3장

업스타일 도구

1 업스타일 빗의 종류

1) 꼬리 빗

업스타일을 시술하기 위해 사용하는 꼬리 빗은 헤어 파팅, 섹션을 나누거나 모근(뿌리)에서 모선(모발 끝)까지 깨끗하게 빗을 수 있도록 빗살이 가지런히 잘 정돈되어 있어야 한다. 꼬리 빗 자체가 탄력이 좋고 부드러우며 적당한 탄력으로 백콤을 넣을 수 있어야 한다.

2) 정리용 브러시

정리용 브러시는 빗질이나 작품 연출 중간 중간 모발 표면을 깨끗하게 정리할 때 사용하는 브러시로 표면의 실루엣과 광택을 효과적으로 표현할 수 있어야 한다. 브러시 선택은 표면이 가지런하고 모의 길이가 일정한 것이 좋다.

3) 브러싱 브러시

브러싱 브러시는 브러싱을 주목적으로 사용하는 브러시로서 두피면까지 깨끗이 빗질이 가능하여야 한다. 브러시를 선택할 때는 다른 브러시와 마찬가지로 빗살 발의 표면이 가지런한 것이 좋다.

4) 쿠션 브러시

쿠션 브러시 빗 자체가 부풀어 오른 쿠션 부분이 있는 브러시로 브러싱할 때 두피에 닿을 때는 부드러워서 자극이 적으며 세트 웨이브 스타일이나 올림머리를 하기 전, 세트를 말기 전, 말고 난 후의 모발 정리 시 쿠션 브러시를 사용한다.

꼬리 빗

브러싱 브러시

쿠션 브러시

2 핀의 종류와 특징

업스타일에 사용되는 핀은 작품을 시술하고 디자인하는 데 중요한 도구이다. 핀의 선택과 사용방법은 시술자에 의해 다를 수 있다. 핀을 사용하여 표현하고자 하는 디자인 스타일을 정교하게, 때로는 입체적으로 표현할 수 있고, 시술 시 표현하고자 하는 스타일을 빠르게 시술할 수 있다. 핀의 종류와 역할을 이해하여 스타일 연출 시 선택하여 사용한다.

1) 대핀

크기가 크고 굵어 모발을 두상의 표면에 고정할 때 고정력이 우수하다. 많은 양의 모발을 고정하고자 할 때 사용한다. 모발 양이 너무 적은 양일 때는 오히려 고정력이 떨어질 수 있다.

2) 실핀

가느다란 핀으로 업스타일 시 가장 많이 사용하는 핀으로 기법에 의한 표현 시 면을 고정시킬 때 사용한다.

3) 스몰핀

굵기가 가늘고 길이가 짧아 고정력이 약하다. 소량의 모발을 고정시킬 때, 힘이 없는 모발을 고정, 면의 섬세한 부분 처리 시 사용한다.

4) 보비핀

굴곡이 있는 핀으로 피부에 닿은 촉감을 부드럽게 하여 디자인 연출 시 고정할 때 사용한다. 실핀보다 고정력이 약하다.

5) U자핀 대(大)(네지핀)

U자 모양의 핀으로 모발 다발을 묶거나 토대를 고정시킬 때 많은 양의 모발을 연출하고자 할 때, 임시로 형태를 고정시키고자 할 때 등 다양하게 사용한다.

6) U자핀 중(中)

U자핀 대(大)보다 작으며 긴 머리나 짧은 머리에 상관없이 주로 적은 양의 모발에 사용하는 핀으로 뱅, 로프, 컬 등의 고정에 사용한다.

7) U자핀 소(小)(오니핀)

업스타일 디자인 마무리 시 면이 갈라지거나, 스타일에 있어 컬을 고정할 때 사용한다. 눈에 잘 띄지 않는 장점이 있다. 그리고 사용할 때는 핀 자체를 그대로 사용하여도 무관하지만, 가능하면 갈고리 형으로 끝 부분을 휘어 마무리 작업 시 빠지지 않도록 사용하는 것이 더욱 효과적이다. 즉 보이기 쉬운 부분이나 임시로 고정한 핀을 대체하여 사용한다.

대핀

스몰핀

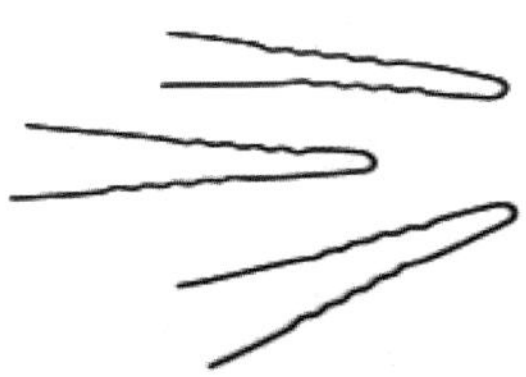

U자핀(소)

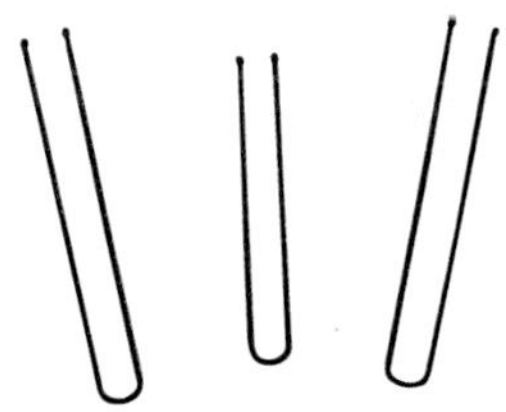

U자핀(대)

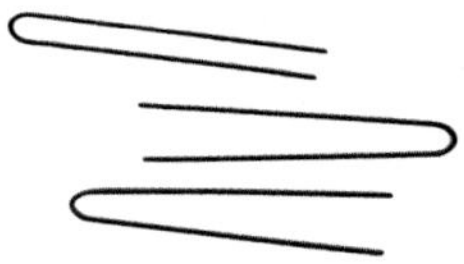

U자핀(중)

보비핀

실핀

3 핀셋의 종류와 특징

1) 핀컬 핀

업스타일 시술 중에 마무리용 핀으로 넓은 면의 판넬, 웨이브 등을 임시적으로 고정하고자 할 때 혹은 형태의 흐름을 고정하고자 할 때 쓰인다. 핀을 사용한 후 스프레이 등을 분무하여 고정시킨다. 더블핀보다 많은 양의 모발을 고정할 수 있어 좋다.

2) 일반 핀

헤어파팅, 블로킹용으로 일반적으로 많이 사용하는 핀으로 마무리용 핀셋의 역할을 대신하기도 한다. 고정력이 강하므로 모발을 쉽게 깨끗이 고정할 수 있다.

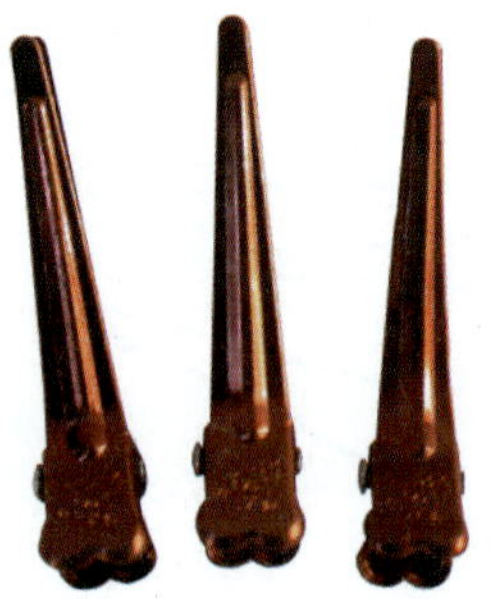

핀컬 핀

일반 핀

4 스타일링제

헤어 스타일링제는 업스타일 작업 시 디자인을 원하는 스타일로 고정시키는 데 사용하거나, 광택, 기타 스타일을 연출할 때 사용한다.

1) 스프레이(무색)

스프레이는 디자인을 고정시키는 역할을 한다. 두상 가까이에 너무 많이 사용하면 디자인 표면이 갈라지거나 뭉치게 되는 경우가 있다. 사용 시에는 어느 정도의 거리를 두고 적당한 양을 뿌려야 한다.

2) 왁스

최근에 가장 많이 사용되어지는 헤어 스타일링제로 디자인하고자 하는 부분에 골고루 발라 자유자재로 디자인할 수 있으며 자연스러운 헤어스타일의 컬의 표현이나 질감을 표현하고자 할 때 다양한 스타일을 할 수 있다. 잔머리를 깨끗이 처리하고자 할 때에 사용이 가능하다.

3) 에센스

트리트먼트제로 세팅 전이나 브러싱 전에 모발에 골고루 도포한다. 세팅에 의한 손상을 막아주고 모발에 윤기를 한층 더 유지시켜주며, 모발에 일어나는 정전기로부터 방지효과도 있으며 모발의 촉감이 부드럽고, 자연스러운 스타일링을 만들어 준다.

4) 광택제

모발손상으로 인해 전체적인 모발의 질감이 탁해 보이거나 손상이 심한 모발 결에 광택제를 도포한다. 모발이 윤기가 나는 효과가 있다.

5) 기타 컬러 스프레이

무색 스프레이와 다르게 컬러 성분이 함유되어 있어 화려하고 검은 헤어스타일일 경우 개성 있는 디자인 연출이 가능하다.

광택제

스프레이

무스

왁스

5 기타 업스타일 도구

1) 끈/고무줄

끈, 고무줄은 토대를 만들거나, 전체 모발을 하나로 묶고자 할 때 주로 쓰이는 도구이다. 두피에 부담이 가기 때문에 밴드 고무줄은 사용하지 않는 것이 좋다.

2) 롤 테이프

헤어아트, 업스타일에 사용하며, 컬러에 따라 디자인에 사용한다. 블랙은 일반적으로 짧은 머리에 사용하여 모발의 양이나, 디자인 표현에 사용한다.

3) 싱

업스타일에서 싱은 단순히 볼륨을 내기 위해서 사용하는 것뿐만이 아니라 토대는 물론 디자인하고자 하는 실루엣을 만들고자 할 때 사용하며 두상의 골격 단점을 보완하고 스타일을 입체적으로 표현하기 위해 사용한다. 싱 선택 시 고정력이 떨어져 토대로서의 역할을 제대로 하지 못하기 때문에 너무 부드럽지 않은 싱을 선택하는 것이 좋다. 모발의 컬러에 맞게 선택하여 사용한다.

4) 망

망은 잔머리가 많거나 모량이 많아 핀으로 고정하기 어렵고 무게가 있는 모발 다발을 감싸거나, 스프레이 처리만으로도 디자인하기 어려울 때 망을 사용하여 형태를 고정한다. 디자인의 크기나 형태 질감 등 웨이브 처리를 망으로도 표현이 가능하다.

5) 아이롱

아이롱은 세팅과 같은 효과의 컬을 형성하기 위해 사용한다. 세팅기와 조금은 다르게 아이롱의 크기 종류, 크기, 온도, 시간에 따라서 웨이브의 느낌이 다르다. 아이롱의 장점은 세팅보다 시간적인 면을 단축할 수 있고 더 다양한 굵기의 웨이브 표현이 가능하다. 사용 시 모발이 마른 상태에서 아이롱 작업에 들어가는 것이 좋다.

6) 작은 가체

작은 가체는 쪽 머리 또는 트레머리에 포인트로 사용한다.

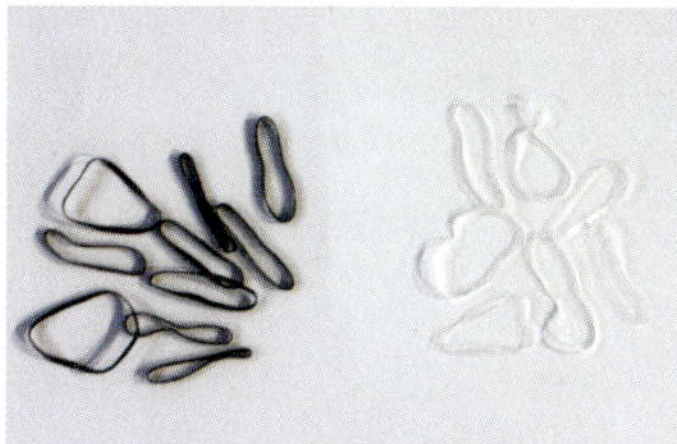

고무줄

롤 테이프(줄피스)

싱

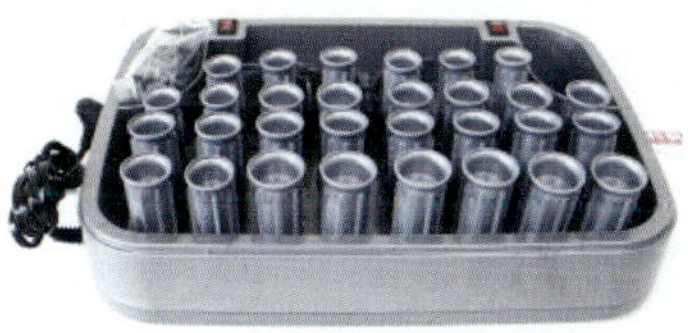

전기세팅기

망

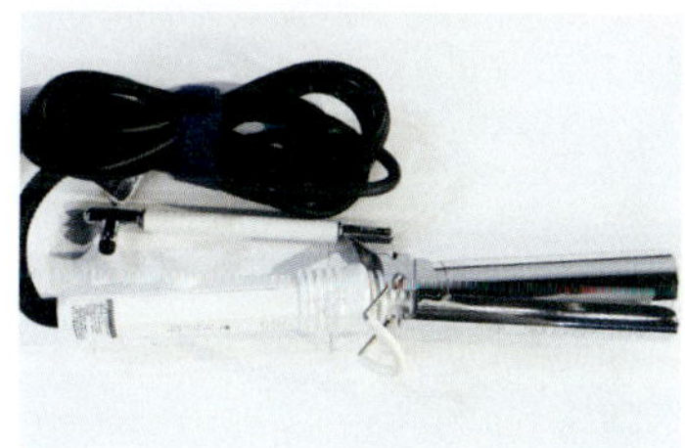

아이론

작은 가체

UP STYLE

제4장

업스타일 디자인 기법

❶ 땋기(Braid)

모발 가닥을 3가닥 또는 3가닥 이상의 모발 가닥으로 가닥을 서로 교차하거나 엮어가면서 디자인을 연출하는 것을 말한다. 종류로는 3, 5, 7 가닥 땋기, 기타 땋기 응용 스타일이 있다.

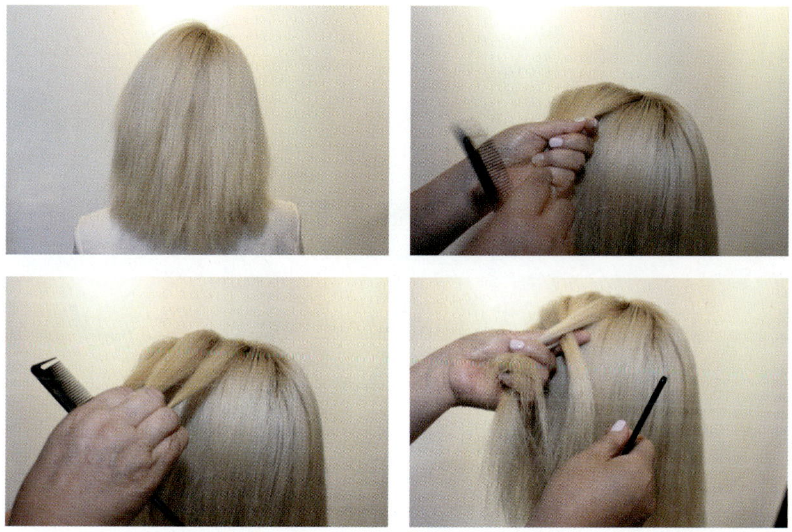

땋기 과정

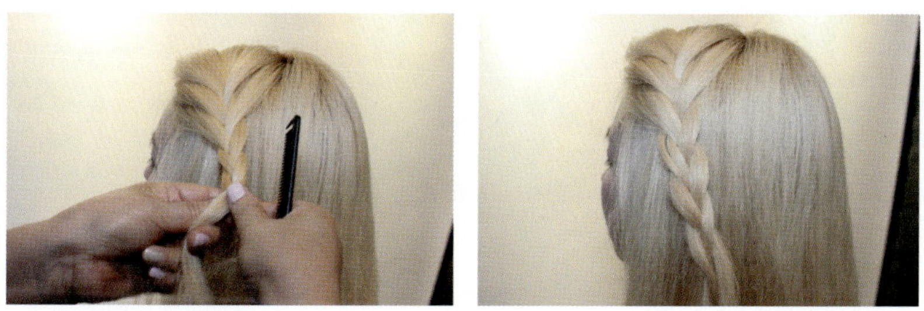

완성작품

① 땋기를 시작할 위치에서 모발 가닥을 나누어 섹션을 잡는다.
② 모발 전체 가닥을 3등분으로 나뉜다.
③ 모발 가닥을 두피 각에서 좌·우·위·아래로 45°로 하여 모발 가닥을 잡는다.
④ 양쪽 맨 끝 가닥 위로 45°유지하면서 집어 땋기로 진행한다. 6~7번째 가닥을 집어 올릴 때 각도를 변화시켜 두피에서 디자인이 뜨지 않도록 한다.
⑤ 가운데 두 가닥 아래로 45°집어 땋기를 진행한다.
⑥ 전체 디자인을 고려하면서 양쪽 끝에 핀을 교정한다.

② 꼬기(Twist)

꼬기는 모발 2다발 판넬을 한쪽 방향 또는 상호 다발을 서로 계속 꼬아가면서 꽈배기 같은 디자인을 연출하는 것이다.

꼬기 과정

완성작품

① 꼬기를 할 위치에서 모발을 블로킹하여 페이스 라인으로 4cm 잡는다.
② 꼬기를 위해 두 가닥으로 나뉜다.
③ 두 가닥을 서로 꼬기를 하여 한 가닥으로 만들어 간다.
④ 반대편도 동일한 방향으로 꼬기를 한다.
⑤ 네이프 부분도 꼬기로 디자인한다.
⑥ 마무리 한다.

③ 매듭(Knot)

매듭은 하나 이상의 모발 가닥을 한 가닥을 중심으로 다른 모발 가닥을 이용하여 중간 중간 사슬처럼 묶어주는 기법이다. 종류로는 한줄 매듭, 두줄 매듭, 응용 매듭 스타일 등이 있다.

매듭 과정

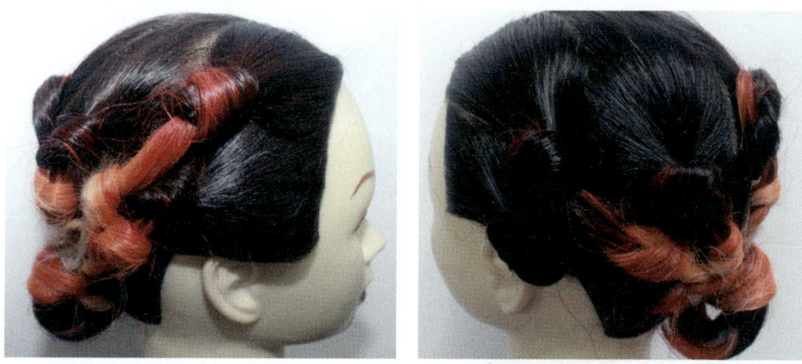

완성작품

① 두상에서 매듭 할 위치에서 매듭할 만큼의 모발 다발을 섹셔닝한다.
② 한 가닥을 중심으로 다른 가닥으로 매듭을 만들어 간다.
③ 반대편도 동일하게 시술한다.
④ 네이프 부분에는 세 가닥으로 매듭을 디자인한다.
⑤ 매듭의 끝부분을 처리하여 마무리 완성한다.

④ 고리(Loop)

고리는 모발 다발을 둥근 모양으로 구부려 고리 모양으로 디자인하는 기법이다. 고리모양의 둥근 모양으로 디자인하여 연출하고자 하는 두상의 위치에 고정시킨다.

고리기법 종류는 외고리, 납작고리, 한겹고리, 겹고리 등이 있다.

고리 과정

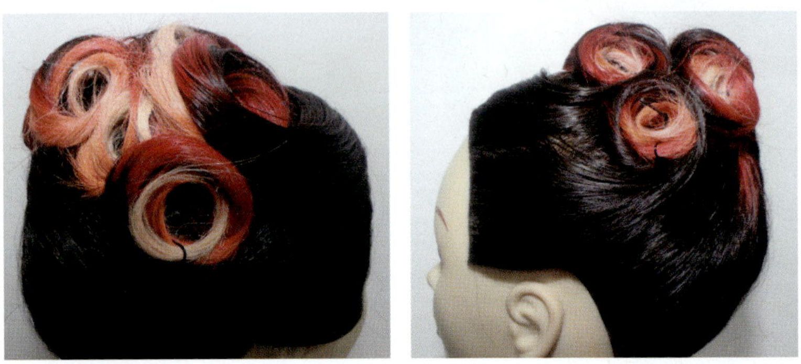

완성작품

① 고리를 디자인할 위치를 정하고 고리의 크기 등을 고려하여 모발 다발을 섹셔닝한다.

② 디자인에 따라 모선부분부터 둥글게 말아서 고리를 만든다.

③ 반대편도 동일하게 고리 시술을 한다.

④ 나머지 부분도 고리 기법으로 완성한다.

⑤ 겹치기(Overlap)

모발 두 다발을 서로 반대 방향으로 지그재그 교차하여 디자인하는 기법이다. 종류는 위로 겹치기, 아래 겹치기가 있다. 겹치기 시 모발 다발 표면을 깨끗하게 한다.

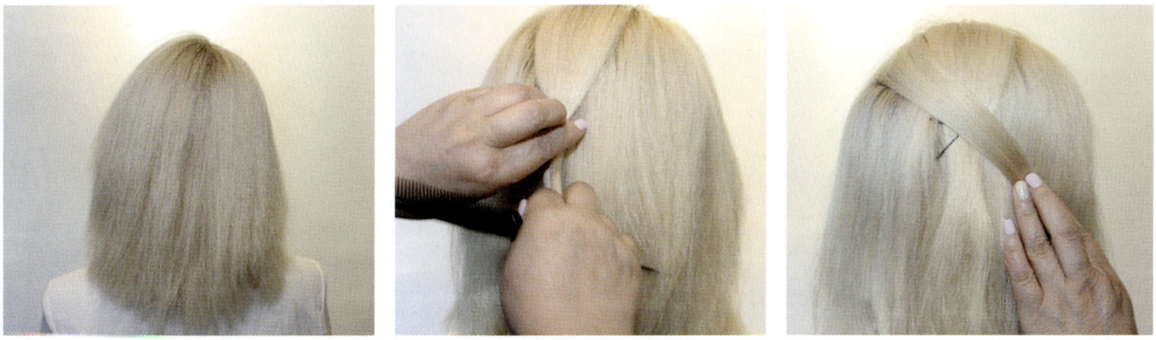

겹치기 과정

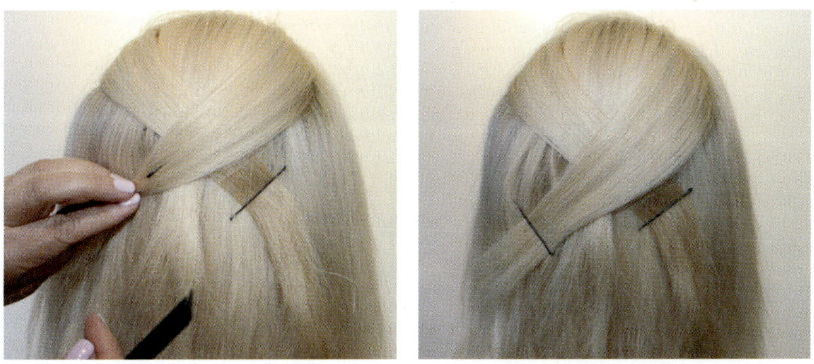

완성작품

① 겹치기를 하고자 하는 두상의 위치에서 2가닥으로 나누어서 서로 겹치기 한다.

② 양사이드에서 같은 모량을 가져와 겹치기 기법을 이어간다.

③ 톱 부위에서는 좌·우 디자인에 따라 균형을 유지한다.

④ 겹치기 기법을 끝까지 시술한 후 고무줄과 꼬리 빗을 이용해 마무리한다.

⑤ 끝부분은 자연스럽게 말아서 마무리 연출한다.

6 말기(Roll)

모발 다발을 입체감과 볼륨감을 표현하기 위해 모발 다발을 둥글게 말아가는 기법이다. 디자인으로는 소라형 스타일, 수직롤 스타일, 수평롤 스타일, 외곽말기 등이 있다.

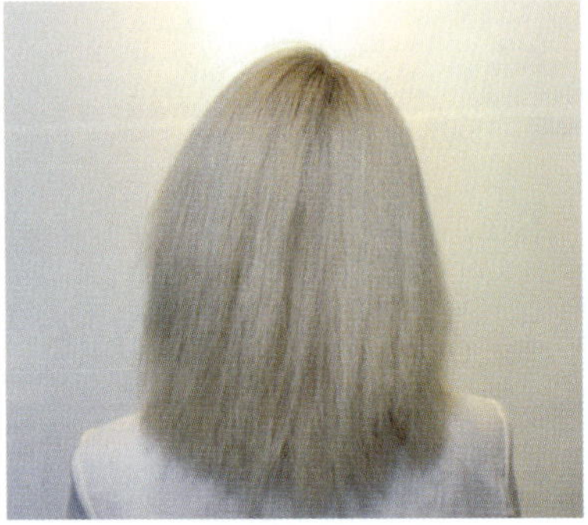

말기 과정

완성작품

① 두상에서 볼륨감을 표현하기 위해 사이드 부분을 제외한 후두부 중앙부분에 모발을 두상 중앙에서부터 라운드 모양으로 핀을 교정한다(핀을 꽂는 위치에 따라 말기의 위치가 결정된다).
② 왼쪽 사이드부터 말기 기법으로 시술하면서 두상에 고정시킨다.
③ 네이프로 진행할수록 말기에 의한 롤이 점점 입체감 있게 커지도록 한다.
④ 반대 방향으로 말기기법을 진행한다.
⑤ 전체적으로 말기 형이 되도록 마무리한다.

7 백콤 넣기

두상의 어느 위치에 모량이 적거나 볼륨감, 디자인 연출 시 강조를 하고자 할 때 백콤 기법으로 시술한다.

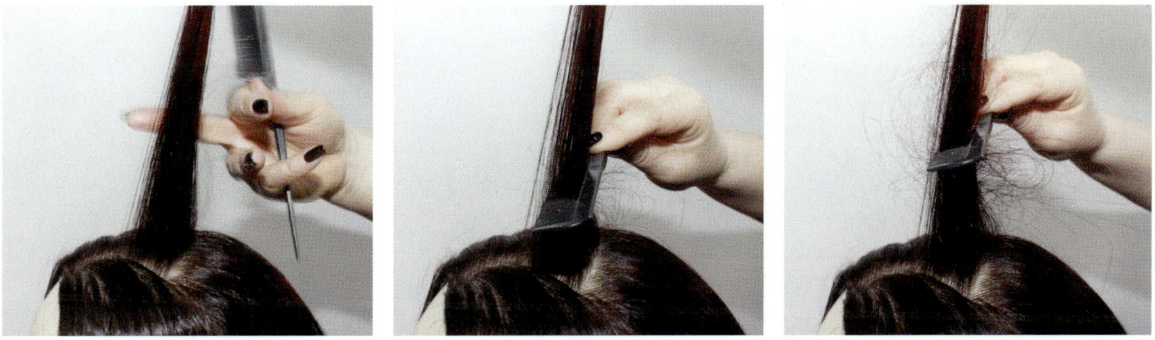

백콤 과정

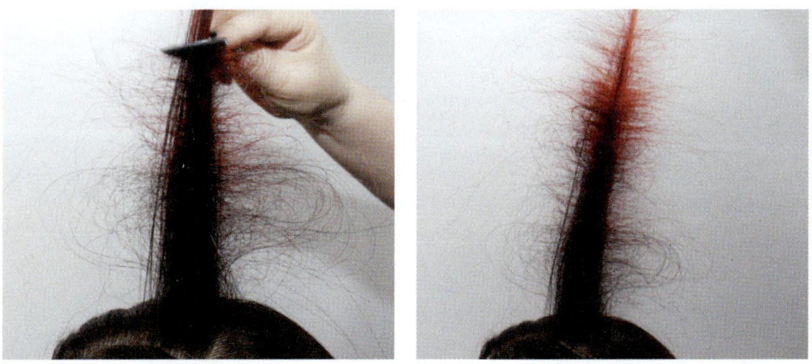

시술과정

① 두상에서 볼륨을 주고자 하는 위치에 섹션을 나뉜다.

② 나뉜 모발 다발을 두피각 90° 방향으로 들고 모근에서부터 빗을 이용하여 모선방향으로 이동하면서 백콤을 넣는다.

③ 모선 끝까지 백콤을 넣어 마무리한다.

UP STYLE

제5장

딸기 업스타일

❶ 땋기 기법 20~30대 T.P.O 업스타일 1

1) 사용도구

업스타일 시술 도구(실핀, 유핀, 대핀, 고무줄, 아이론 등)

2) 작품분석

① 작품 설명 : 내추럴한 웨이브 형성으로 트렌디한 디자인
② 시술기법 : 아웃 컬의 웨이브와 땋기
③ 시술 팁 토대위치 : 하위토대 (N.P)
④ 스타일 대상 : 20대의 신부나 캐주얼 디자인
⑤ T.P.O : 결혼식, 연주회, 시상식

3) 시술순서

1. 베이직 웨이브 완성

2. 모발 전체에 웨이브 형성

3. 정중선을 중심으로 아웃컬 형성

4. 아웃컬 웨이브 형성

5. 사이드도 아웃컬 웨이브 형성

6. 아웃컬 웨이브 형성

7. 토대 웨이브 완성

8. 한쪽 땋기 완성 작품

9. T.P 백콤 넣기

10. 백콤 정리 후 사이드

11. 사이드 부분을 한쪽으로 끌어 당겨 땋기 시작한다.

12. 땋기 진행

13. 위에서 한 가닥씩 끌어와 무게 중심을 잡는다.

14. 연결해서 땋기

15. 연결해서 땋기

16. 연결해서 땋기

17. 연결해서 땋기

18. 토대의 위치를 확인하면서 땋기

19. 볼륨감 형성하면서 땋기

20. 무게 중심을 확인하면서 땋기

21. 연결해서 땋기

22. 연결해서 땋기

23. N.P쪽으로 다운시켜서 땋아준다.

24. 왼쪽방향으로 내려가며 땋는다.

25. 연결해서 땋기

26. 연결해서 땋기

27. 연결해서 땋기

28. 면을 확보하며 넓게 땋는다.

29. 연결해서 땋기

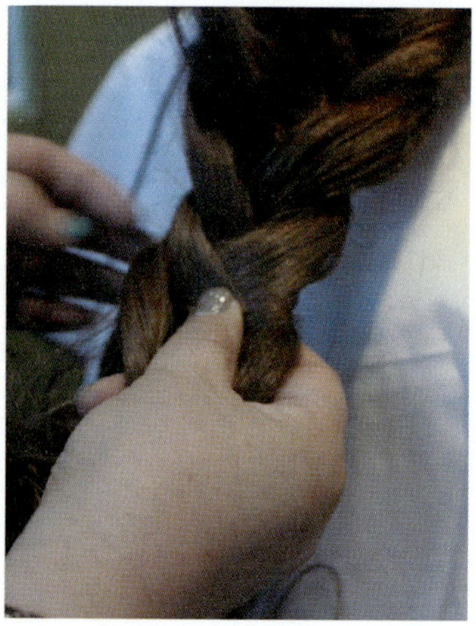

30. 연결해서 땋기

31. 깔끔하게 머릿결을 정돈하며 땋는다.

32. 면과 볼륨을 확보한다.

33. 연결해서 땋기

34. 완성된 오른쪽 모습

35. 완성된 뒷모습

36. 완성된 왼쪽 모습

37. 다 땋은 머리를 왼쪽으로 말아 올린다.

38. 핀으로 고정한다.

각도에 따른 완성된 모습

39. 완성된 뒷모습

40. 완성된 오른쪽 모습

41. 완성된 왼쪽 모습

❷ 땋기 기법 20~30대 T.P.O 업스타일 2

1) 사용도구

업스타일 시술 도구(꼬리빗, 실핀, 유핀, 스프레이. 밴드, 고무줄, 광택제, 핀셋, 매직기, 아이롱기 등)

2) 작품분석

① 작품 설명 : 귀엽고 사랑스러운 디자인
② 시술기법 : 땋기, 고리
③ 시술 팁 : 긴머리 뿐만 아니라 짧은 모발로도 우아한 디자인 가능
④ 스타일 대상 : 전 연령대
⑤ T.P.O : 웨딩머리, 연주회 머리, 스냅 촬영 사진
⑥ 응용스타일 : 길이에 따른 모든 스타일 가능

3) 시술순서

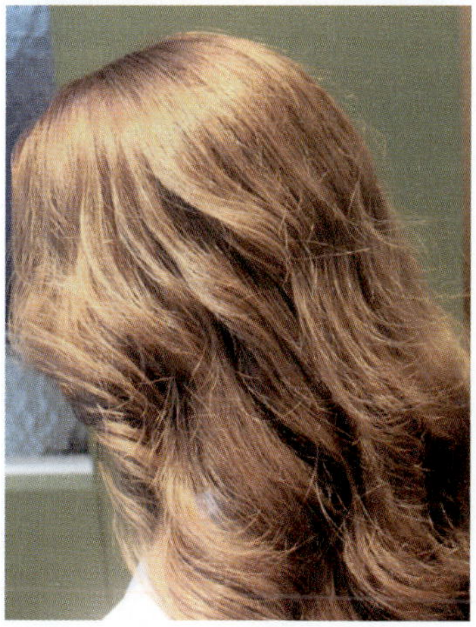
1. 웨이브 완성

2. 사이드 섹션 나누기

3. T.P에서 N.S.P까지 나눈다.

4. T.P에서 N.S.P까지 섹션 나눈다.

5. 나눈 머리를 하위 토대로 묶는다.

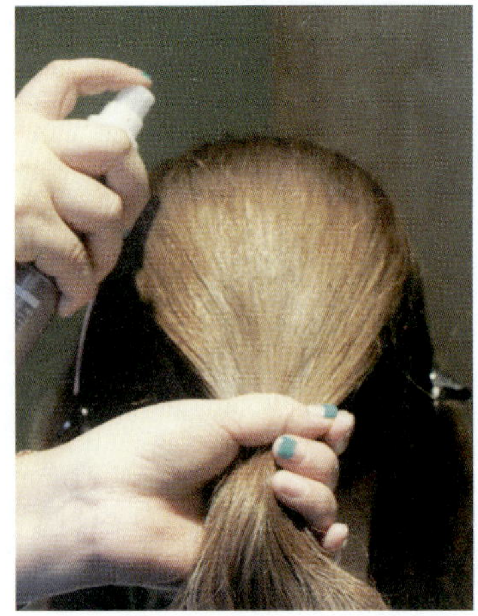

6. 스프레이로 머릿결 정리

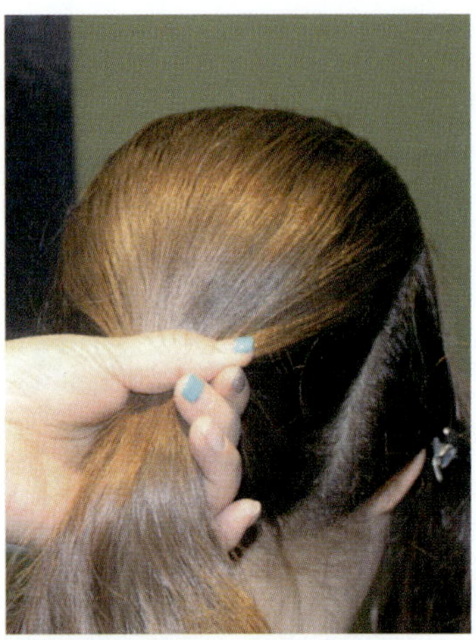

7. 토대를 만든다.

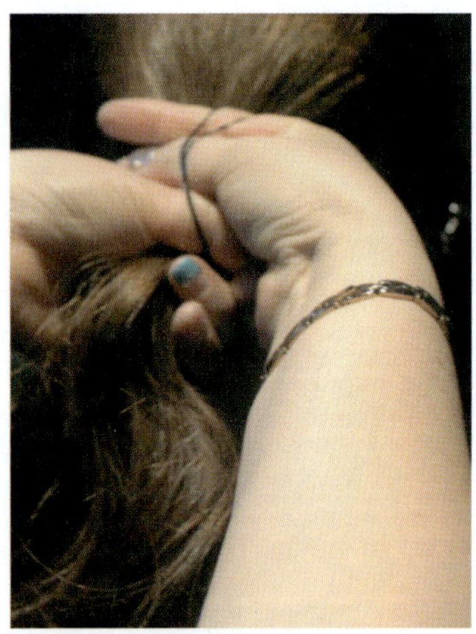

8. 밴드로 단단히 고정한다.

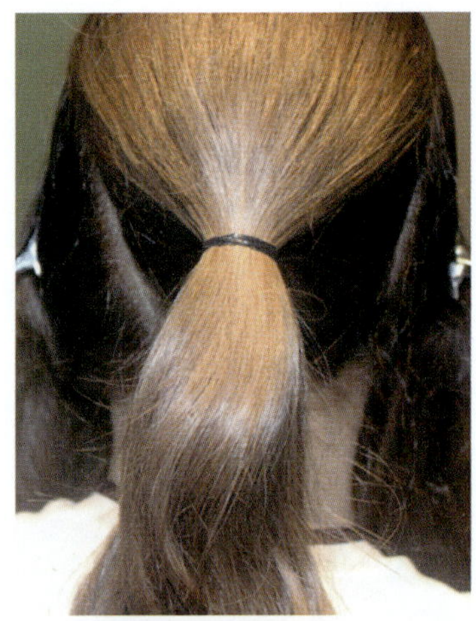

9. 토대 완성

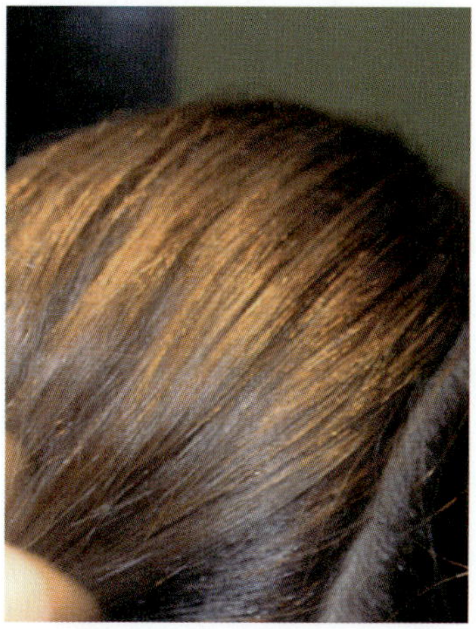

10. 토대 위의 머리를 당겨 볼륨을 만든다

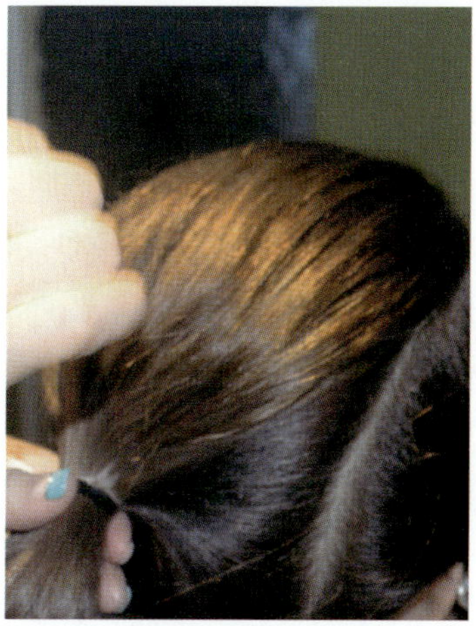

11. 결을 정리한다.

12. 오른쪽의 머리를 끌어당겨 땋는다.

13. 연결해서 땋기

14. 연결해서 땋기

15. 각도를 맞춰서가며 끌어당긴다.

16. 연결해서 땋기

17. 연결해서 땋기

18. 땋은 면을 잡아당긴다.

19. 땋기 모양을 자연스럽게 디자인한다.

20. 완성된 모습

21. 토대 위에 핀으로 고정시킨다.

22. 프론트부터 왼쪽으로 땋는다.

23. 연결해서 땋기

24. 볼륨을 위해 세 가닥 땋기를 뒤집어 땋는다.

25. 연결해서 땋기

26. 연결해서 땋기

27. 볼륨감을 고려하여 밑부분의 각도를 조절한다.

28. 연결해서 땋기

29. 완성된 뒷모습

30. 양 쪽 땋은 머리로 위치를 만든다.

31. 토대 위에 고정한다.

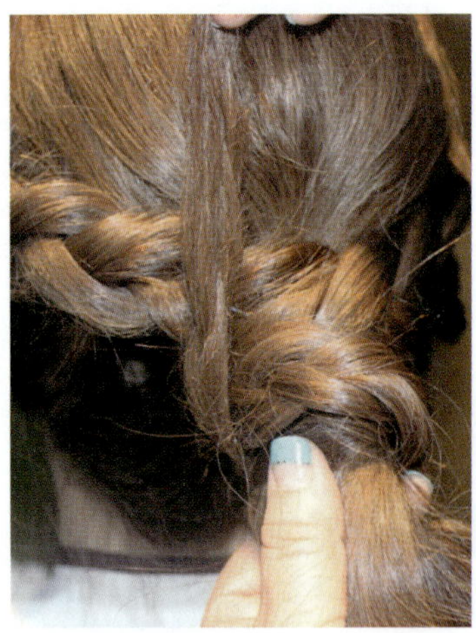

32. 반대쪽 머리도 핀으로 고정한다.

33. 실핀으로 고정한다.

각도에 따른 완성된 모습

34. 완성된 뒷모습

35. 완성된 왼쪽 모습

36. 완성된 모습

37. 완성된 오른쪽 모습

③ 땋기 기법 20~30대 T.P.O 업스타일 3

땋기 기법 업스타일 2의 스타일에서 응용한 업스타일이다.

1) 사용도구

업스타일 시술 도구(꼬리빗, 실핀, 유핀, 스프레이. 밴드, 고무줄, 광택제, 핀셋, 매직기, 아이롱기 등)

2) 작품분석

① 작품 설명 : 2번 작품 응용 스타일, 20~30대의 한복머리와 드레스머리로 모두 가능한데, 둥근 얼굴형을 보완하기 위해 내추럴하고 정형화되지 않은 자연스러운 웨이브로 큐티한 느낌을 주었다. (액세서리에 따른 한복, 드레스 응용가능).

② 시술기법 : 말기, 땋기

③ 시술 팁 : 모발의 길이가 길고 모량이 많은 머리에 완성도가 높다.

④ 스타일 대상 : 드레스와 한복머리의 디자인으로 모두 적합하다.

⑤ T.P.O : 20대부터 30대까지 장소에 무관하게 디자인할 수 있다.

3) 시술순서

1. 2번 머리 다자인 준비

2. 토대의 남은 머리를 두갈래로 나누어 땋는다.

3. 끝까지 넓게 땋는다.

4. 땋아진 모선을 잡아당겨 나뭇잎 모양으로 만든다.

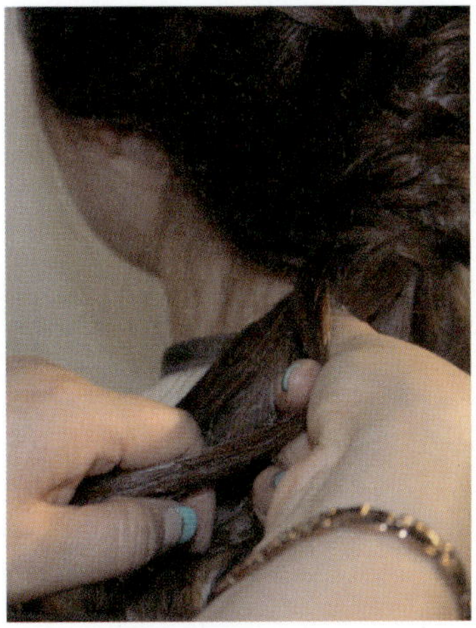

5. 남은 머리를 똑같이 땋는다.

6. 동일하게 시술한다.

7. 동일하게 시술한다.

8. 동일하게 시술한다.

9. 동일하게 시술한다.

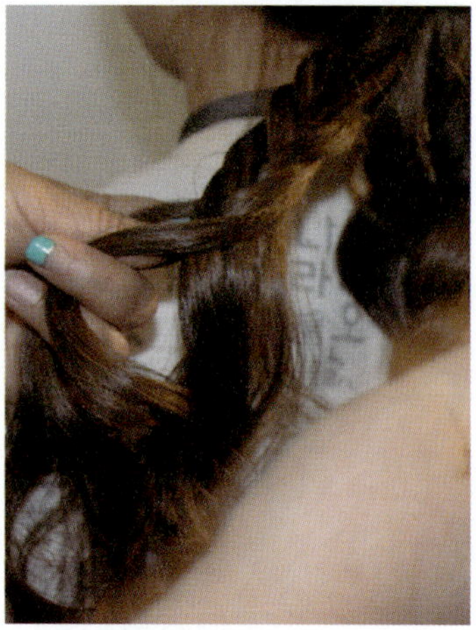

10. 동일하게 시술한다.

11. 동일하게 시술한다.

12. 동일하게 시술한다.

13. 동일하게 시술한다.

14. 동일하게 시술한다.

15. 딸기가 완성된 모습

16. 밴드로 끝을 묶어준다.

17. 모발 끝을 잡아 말기한다.

18. 토대에 핀으로 고정시킨다.

19. 동일하게 시술한다.

20. 고리모양으로 꽃의 느낌이 나도록 디자인한다.

21. 동일하게 시술한다.

22. 핀으로 고정된 모습

23. 반대편도 동일하게 시술한다.

24. 완성된 모습

25. 완성된 오른쪽 모습

26. 완성된 왼쪽 모습

27. 액세서리를 사용한 한복머리 연출

각도에 따른 완성된 모습

28. 완성된 모습

29. 완성된 모습

30. 완성된 모습

31. 완성된 모습

32. 완성된 옆모습

33. 다른 컬러의 완성된 모습

34. 다른 컬러의 완성된 모습

④ 땋기 기법 20~30대 T.P.O 업스타일 4

1) 사용도구

업스타일 시술 도구(꼬리 빗, 실핀, 유핀, 스프레이. 밴드, 고무줄, 광택제, 핀셋, 매직기, 아이롱기 등)

2) 작품분석

① 작품 설명 : 숱이 많고 긴 머리에 단조로운 디자인이지만 땋기를 사용하여 경쾌한 느낌과 발랄한 느낌으로 홈 스타일링이 가능한 디자인이다.

② 시술기법 : 말기, 땋기

③ 시술 팁 : 모량이 많고 긴 머리에 완성도가 높다.

④ 스타일 대상 : 20~30대에 가능하지만 실이나 추석과 같은 명절 때 어린 자녀에세도 가능하나.

⑤ T.P.O : 시술시간이 짧고 한복, 드레스, 캐주얼에 모두 시술이 가능하며 홈 스타일링이 가능하다.

3) 시술순서

1. 시술 전 모습

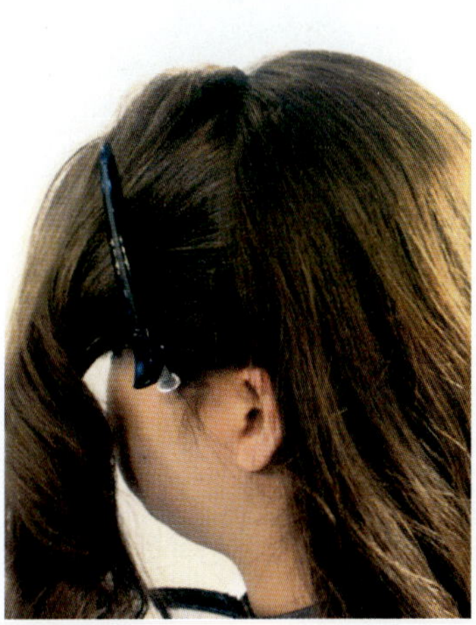

2. 이어 투 이어 파팅

3. 반대편 이어 투 이어 파팅

4. 골덴포인트에서 섹션을 나뉜다.

5. 밴딩으로 토대를 만든다.

6. 토대 완성

7. 세 가닥 땋기를 한다.

8. 토대를 중심으로 둥글게 말아준다.

9. 핀으로 고정시킨다.

10. 고정된 모습

11. 센터를 중심으로 섹션을 나눠 준다.

12. 오른쪽 부분 모발을 왼쪽으로 넘겨준다.

13. 동일하게 시술한다.

14. 동일하게 시술한다.

15. 매끈하게 빗어서 토대 위에 단단하게 고정시킨다.

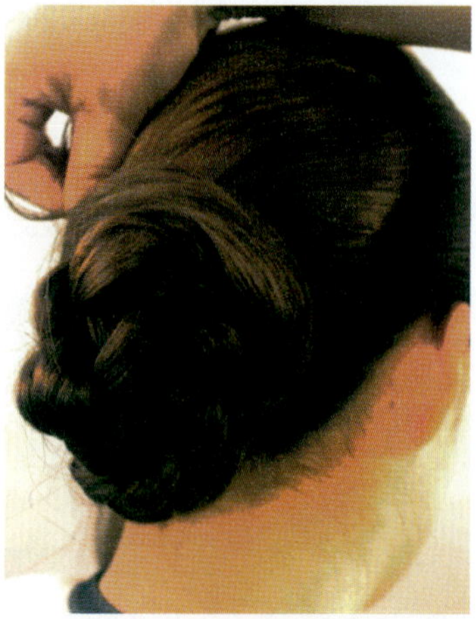

16. 핀으로 고정한다.

17. 고정된 모습

18. 고정된 모습

19. 왼쪽 모발을 끌어당겨 땋아준다.

20. 갈라둔 섹션이 보이지 않게 당겨서 땋는다.

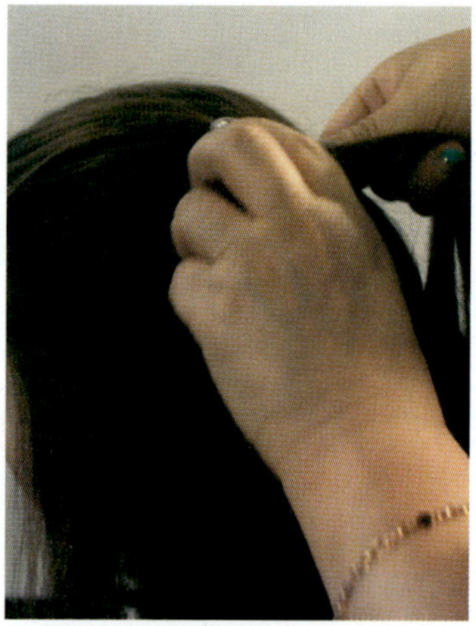

21. 동일하게 시술한다.

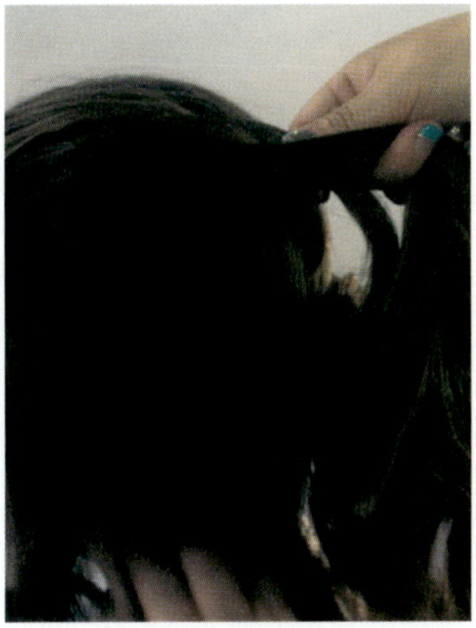

22. 동일하게 시술한다.

23. 동일하게 시술한다.

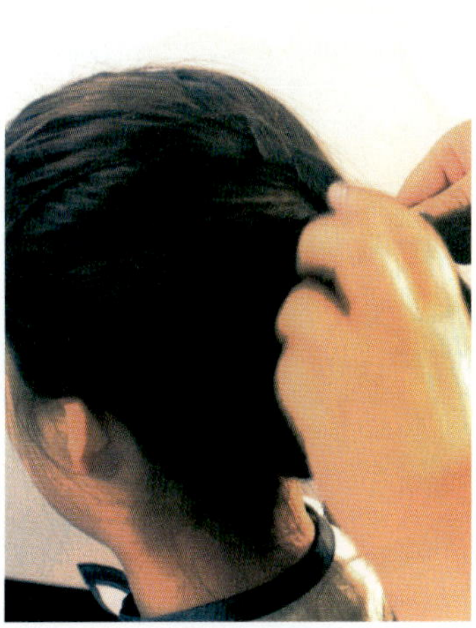

24. 동일하게 시술한다.

25. 모발 끝까지 땋는다.

26. 동일하게 땋기 시술한다.

27. 동일하게 땋기 시술한다.

28. 동일하게 시술한다.

29. 땋은 머리를 토대에 둥글게 감아올린다.

30. 핀으로 단단하게 고정시킨다.

각도에 따른 완성된 모습

31. 완성된 뒷모습

32. 완성된 오른쪽 모습

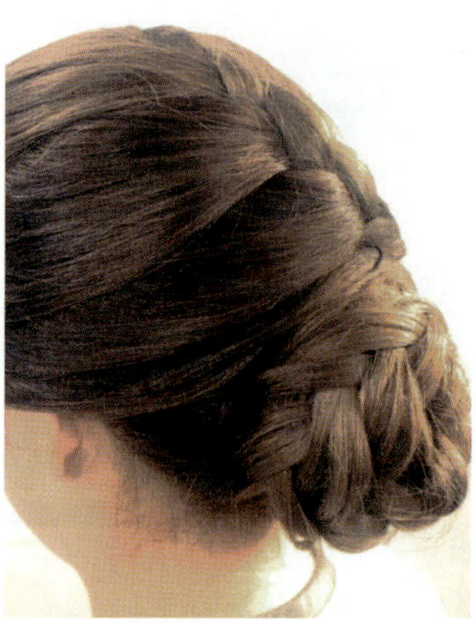

33. 완성된 왼쪽 모습

34. 액세서리를 사용한 완성된 오른쪽 모습

35. 완성된 모습 확대

36. 액세서리를 사용한 완성된 뒷모습

37. 액세서리를 사용한 완성된 뒷모습

❺ 땋기 기법 20~30대 T.P.O 업스타일 5

1) 사용도구

업스타일 시술 도구(꼬리 빗, 실핀, 유핀, 스프레이. 밴드, 고무줄, 광택제, 핀셋, 매직기, 아이롱기 등)

2) 작품분석

① 작품 설명 : 상위 업스타일의 디자인, 토대의 묶음 없이 모발의 중력으로 땋기하여 말기로 토대를 형성하고 사이드 머리를 사용하여 디테일을 완성하였다.

② 시술기법 : 땋기, 말기

③ 시술 팁 : 모량이 많고 긴 머리에 디자인이 용이하며 짧고 모량이 적은 머리는 싱과 피스를 사용하여 볼륨감을 만들어 완성도를 높인다.

④ 스타일 대상: 10~30대 가능

⑤ T.P.O : 드레스와 캐주얼에 발랄함과 우아함을 동시에 표현할 수 있다.

3) 시술순서

1. 시술 전 웨이브 형성

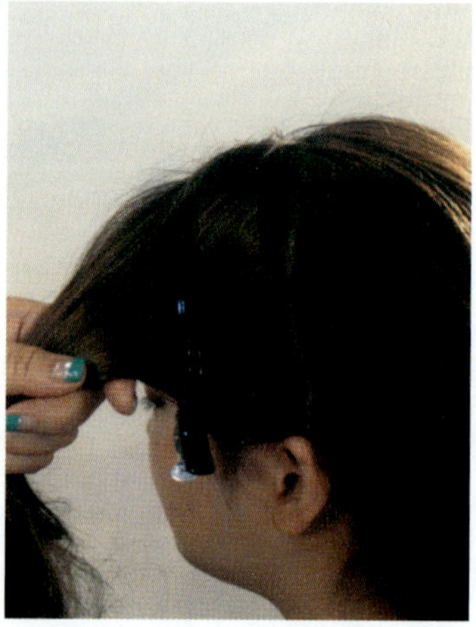

2. 이어 투 이어 섹션

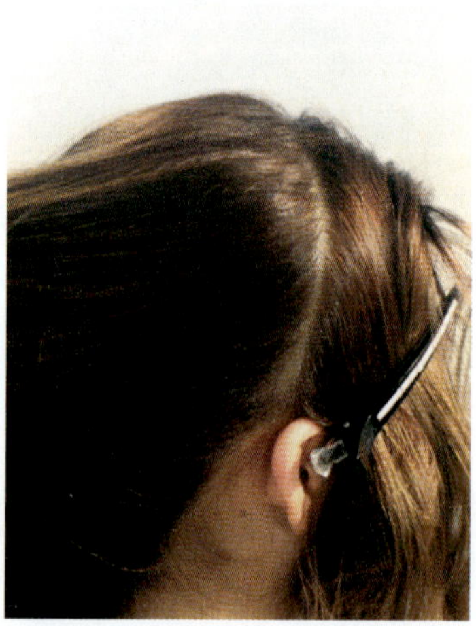

3. 반대편 이어 투 이어 섹션

4. 모선을 넓게 잡고 시작한다.

5. 동일하게 시술한다.

6. 면의 넓이를 일정하게 끌어당긴다.

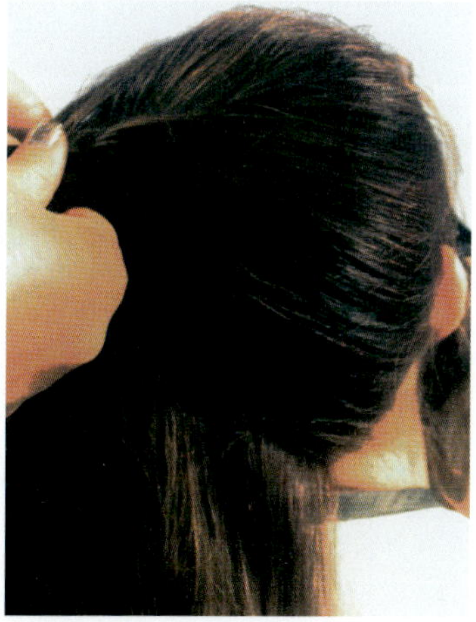

7. 동일하게 시술한다.

8. 동일하게 시술한다.

9. 각도를 올려 볼륨을 살린다.

10. 동일하게 시술한다.

11. 동일하게 시술한다.

12. 동일하게 시술한다.

13. 끝까지 땋아준다.

14. 모선의 동일한 면을 유지한다.

15. 끝까지 땋아준 모습

16. T.P에 말아 실핀으로 토대를 고정시킨다.

17. 볼륨을 유지하며 고정한다.

18. 동일하게 시술한다.

19. 단단히 핀으로 고정시킨다.

20. 고정된 모습

21. 고정된 오른쪽 모습

22. 오른쪽 사이드를 매끈히 빗어 준다.

23. 면을 그대로 살려 빗질한다.

24. 토대의 위치에 핀으로 고정한다.

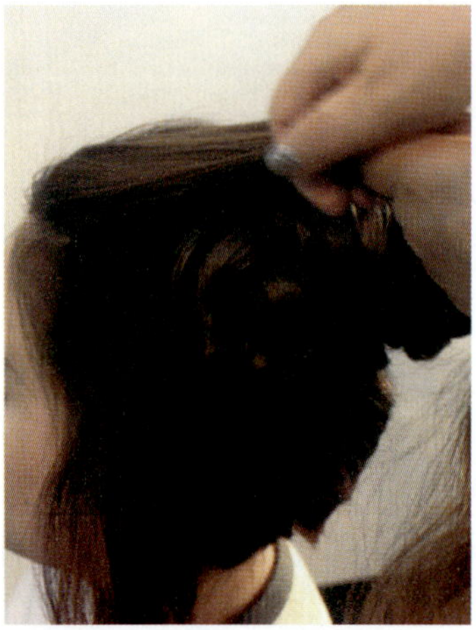

25. 센터 머리를 톱 포인트 쪽으로 끌어당긴다.

26. 연결하여 땋아준다.

27. T.P로 길게 끌어당겨 연결시켜 땋아준다.

28. 동일하게 시술한다.

29. 동일하게 시술한다.

30. 동일하게 시술한다.

31. 끝까지 땋아준다.

32. 끝부터 말아올린다.

33. 고리모양으로 디자인한다.

34. 연결하여 토대 위에 고정한다.

35. 딸기에 디자인을 그대로 살려 장미모양을 만들어준다.

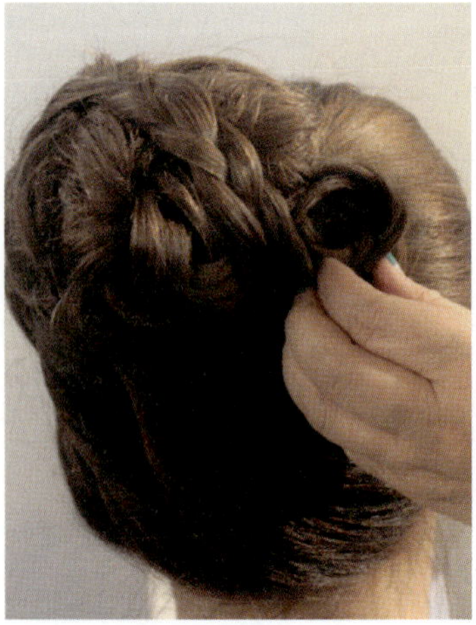

36. 핀으로 고정한다.

각도에 따른 완성된 모습

37. 완성된 왼쪽 모습

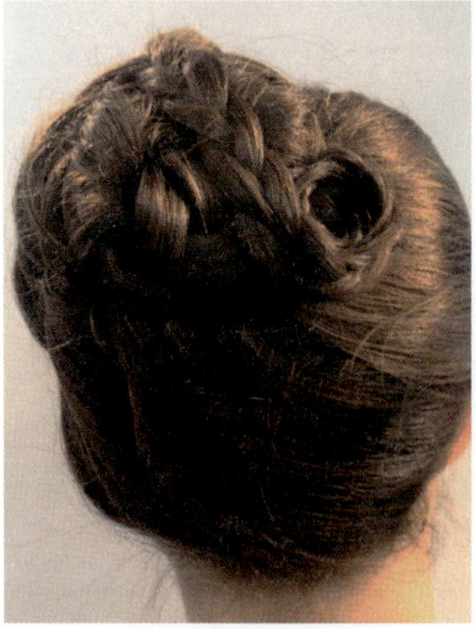

38. 완성된 뒷모습

39. 완성된 오른쪽 모습

6 땋기 기법 20~30대 T.P.O 업스타일 6

1) 사용도구

업스타일 시술 도구(꼬리 빗, 실핀, 유핀, 스프레이. 밴드, 고무줄, 광택제, 핀셋, 매직기, 아이롱기 등)

2) 작품분석

① 작품 설명 : 땋기의 작고 큰 디테일을 디자인하여 엘레강스함과 러블리한 이미지로 연출하였다.

② 시술기법 : 땋기, 말기

③ 시술 팁 : 동그란 얼굴형과 신장을 고려하여 토대의 위치를 정한다.

④ 스타일 대상 : 20~30대의 웨딩드레스와 각종 시상식에 적합한 디자인

⑤ T.P.O : 결혼식과 연주회 등

3) 시술순서

1. 시술 전 웨이브 형성

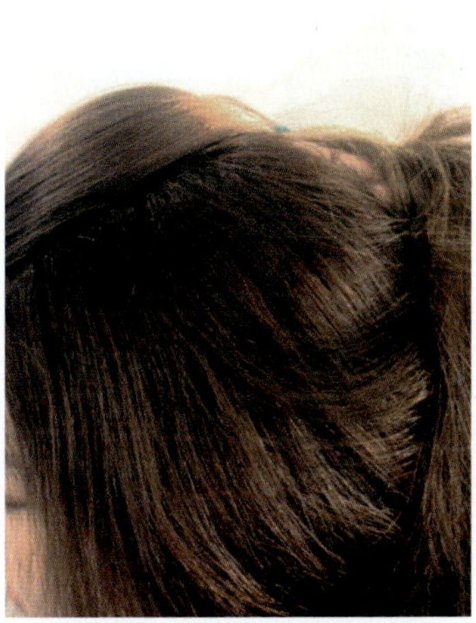

2. 센터의 볼륨을 살려 고정한다.

3. 핀으로 고정한다.

4. 동일하게 시술한다.

5. 이어 투 이어 섹션을 나눈다.

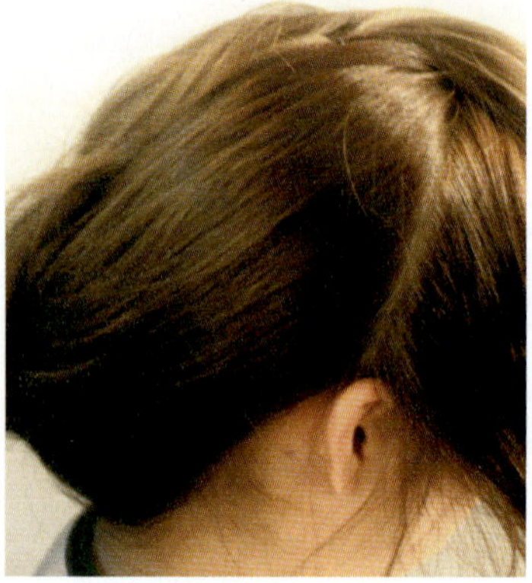

6. 반대편도 동일하게 시술한다.

7. 톱 포인트까지 올려 빗는다.

8. 모발 전체를 틀어올린다.

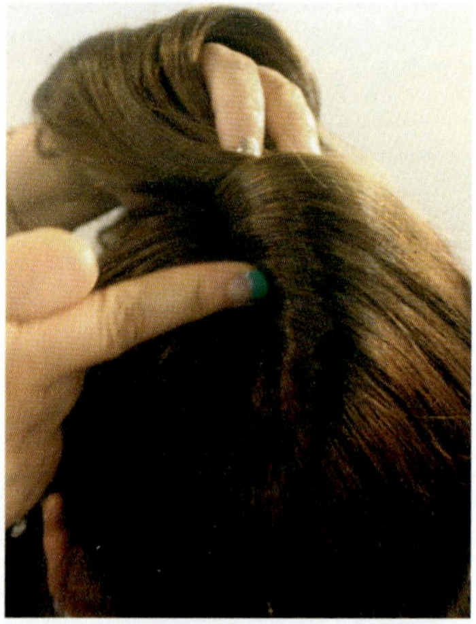

9. 소라모양을 유지하여 핀을 꽂는다.

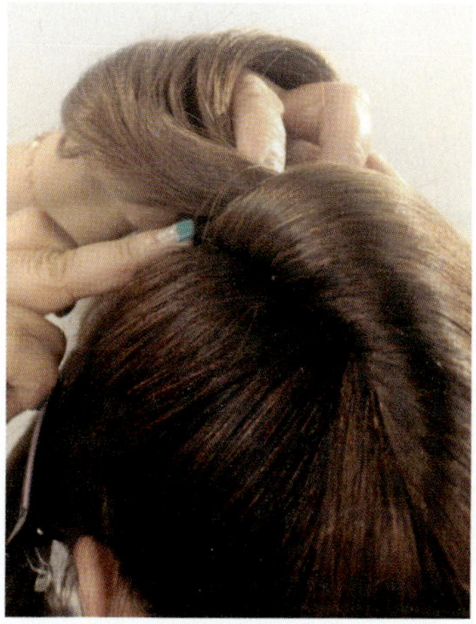

10. 핀으로 단단히 고정한다.

11. 고정된 모습

12. 모발을 나눈다.

13. 세 가닥 땋기를 해준다.

14. 동일하게 시술한다.

15. 모발 끝까지 땋아준다.

16. 모선을 당겨 나뭇잎모양을 만들어준다.

17. 동일하게 시술한다.

18. 동일하게 시술한다.

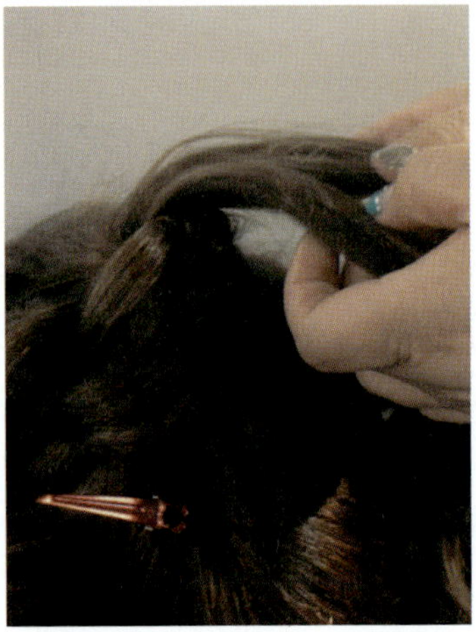

19. 다른 모발의 부분도 똑같이 시술해 준다.

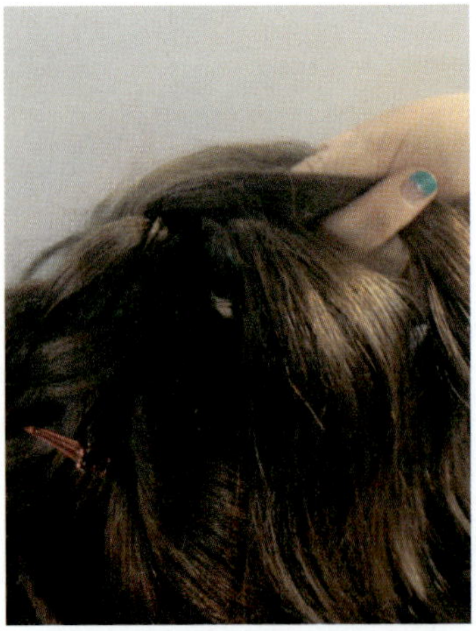

20. 동일하게 시술한다.

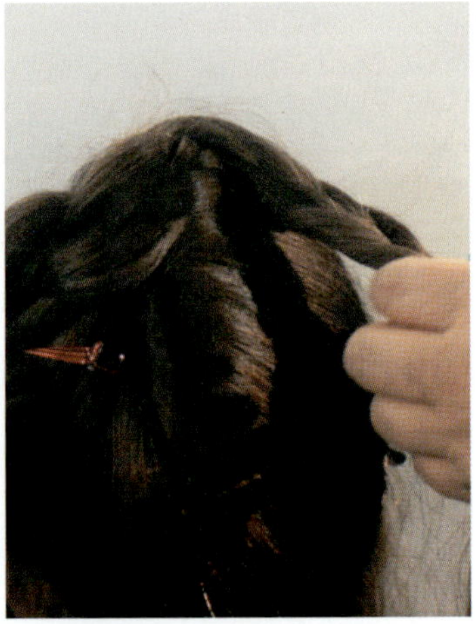

21. 동일하게 시술한다.

22. 동일하게 시술한다.

23. 끝까지 땋아준다.

24. 모선을 당겨준다.

25. 동일하게 시술한다.

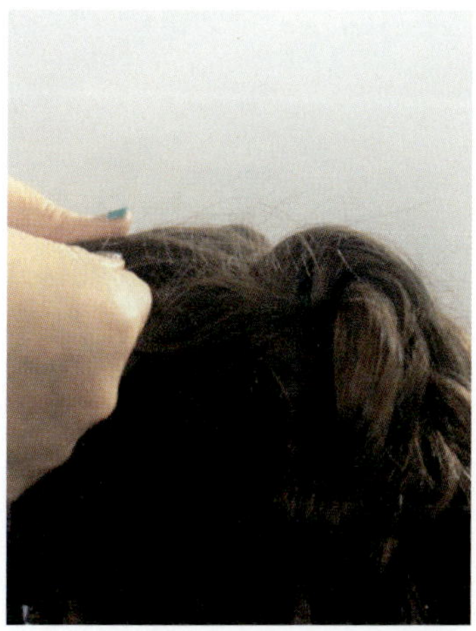

26. 남은 모발도 동일하게 시술한다.

27. 동일하게 시술한다.

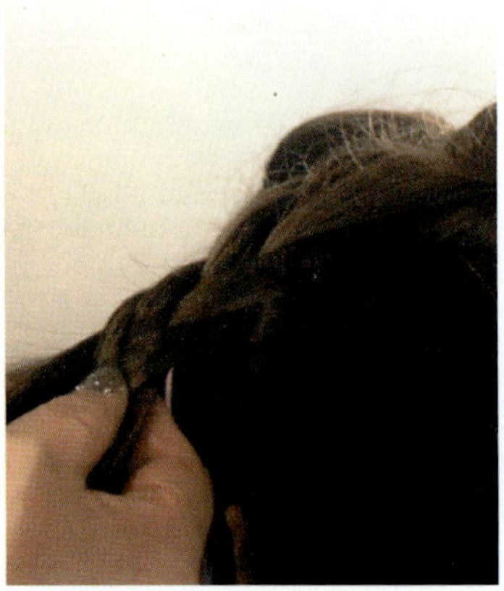

28. 동일하게 시술한다.

29. 동일하게 시술한다.

30. 동일하게 시술한다.

31. 토대 위치에 동그랗게 말아 디자인한다.

32. 고정된 모습

33. 남은 모발도 동일하게 시술한다.

34. 모발의 위치를 조화롭게 시술한다.

35. 땋은 머리의 디테일을 살려 자연스럽게 고정시킨다.

36. 고정된 뒷모습

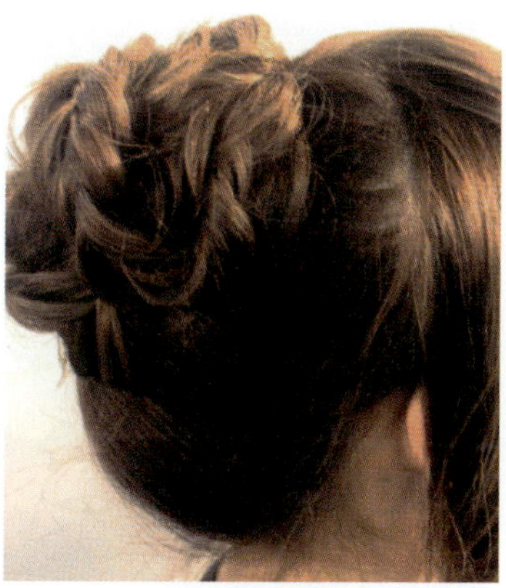

37. 고정된 오른쪽 모습

38. 오른쪽 사이드머리를 빗질을 하여 뒤로 당겨준다.

39. 세갈래로 나눈다.

40. 뒤로 당겨 땋아준다.

41. 동일하게 시술한다.

42. 끝머리부터 고리모양으로 말아 올린다.

43. 톱 포인트에 고정시킨다.

44. 토대의 디자인을 그대로 살리고 또 다른 모양을 만든다.

45. 고정된 오른쪽 모습

46. 반대편도 동일하게 시술한다.

47. 동일하게 시술한다.

48. 동일하게 시술한다.

49. 동일하게 시술한다.

50. 동일하게 시술한다.

51. 모발 끝까지 땋아준다.

52. 모발 끝부터 말아올린다.

53. 딸기의 디테일을 살려 자연스럽게 고정한다.

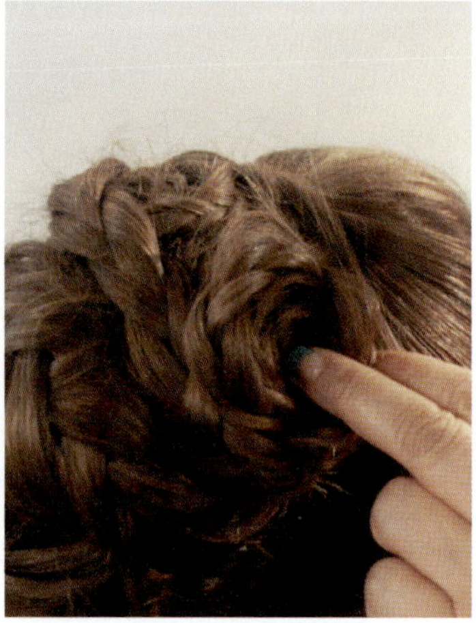

54. 핀으로 고정한다.

각도에 따른 완성된 모습

55. 완성된 모습

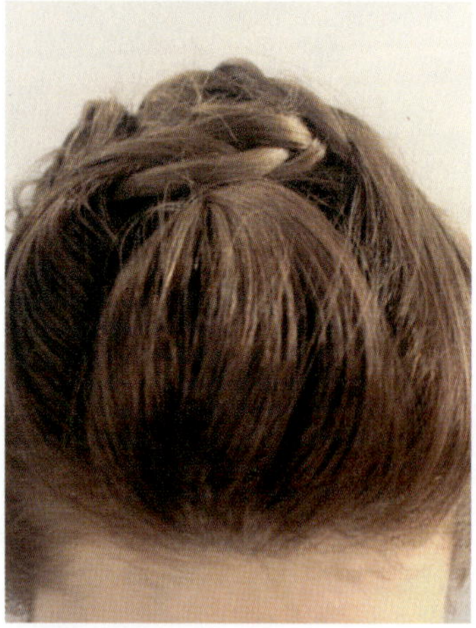

56. 완성된 센터포인트 모습

57. 완성된 오른쪽 모습

58. 완성된 뒷모습

59. 완성된 왼쪽 모습

60. 액세서리를 사용한 완성된 뒷모습

61. 액세서리를 사용한 완성된 오른쪽 모습

❼ 땋기 기법 T.P.O 업스타일 7

1) 사용도구

업스타일 시술 도구(꼬리 빗, 실핀, 유핀, 스프레이. 밴드, 고무줄, 광택제, 핀셋, 매직기, 아이롱기 등)

2) 작품분석

① 작품 설명 : 에스닉한 이미지로 여러 가닥을 가늘게 땋아 디테일을 강조하고 자연적 이미지에서 자연 그대로를 재현하는 형태이며 에스닉 특징은 땋기의 대표적인 기법이다.

② 시술기법 : 전체적인 시술 기법은 땋기를 이용하고 에스닉한 느낌을 살리기 위해 앞뒤 모두 땋기를 사용했다.

③ 시술 팁 : 세 가닥 땋기를 여러 형태로 사용한다. 상위 하위 모두 가능하다.

④ 스타일 대상 : 어린 층의 연령에도 시술이 가능하며 귀여운 이미지로 연출할 수 있다.

⑤ T.P.O : 드레스를 입는 연주회, 파티, 시상식 등 포인트를 줄 수 있는 스타일

3) 시술순서

1. 시술 전 웨이브 형성

2. 센터 포인트를 중심으로 양 사이드를 파팅을 나눈다.

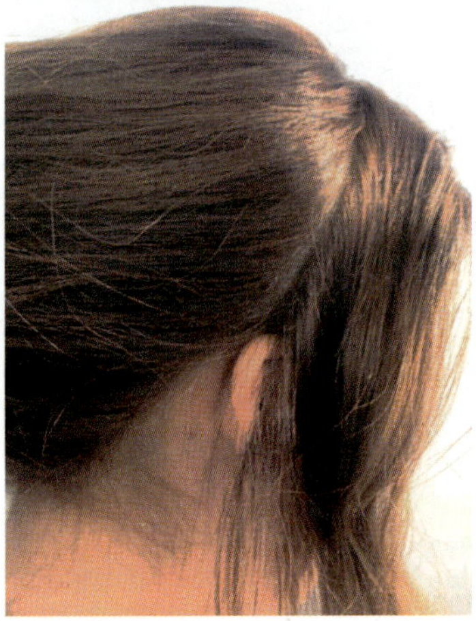

3. 반대편도 동일하게 섹션을 나눈다.

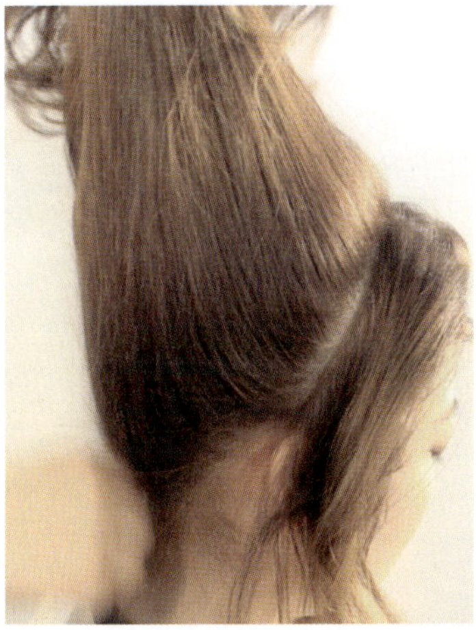

4. 톱 포인트까지 골고루 매끈하게 빗질힌디.

5. 빗질한 토대를 잡아준다.

6. 토대가 풀리지 않게 단단히 밴딩을 한다.

7. 고정된 모습

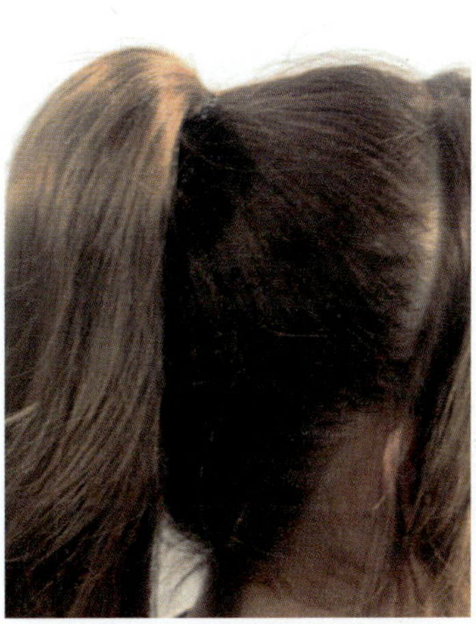

8. 고무줄로 고정된 모습

9. 고정된 토대를 반으로 나눈다.

10. 반으로 나눈 토대를 나눠 왼쪽 모발을 세 가닥 땋기를 한다.

11. 동일하게 시술한다.

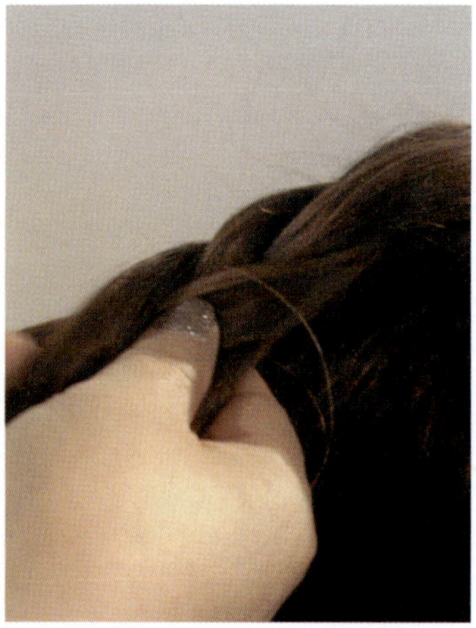

12. 동일하게 시술한다.

13. 동일하게 시술한다.

14. 끝까지 땋아준다.

15. 오른쪽 모발도 동일하게 시술한다.

16. 동일하게 시술한다.

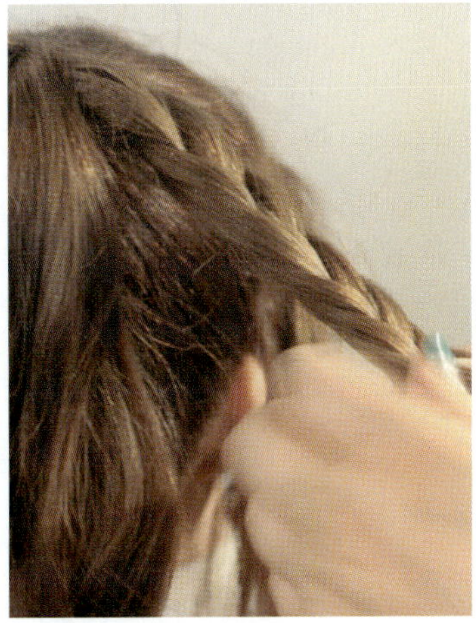

17. 동일하게 시술한다.

18. 동일하게 끝까지 땋아준다.

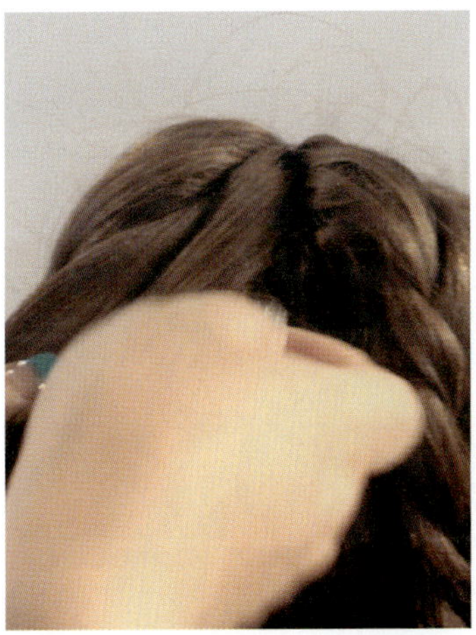

19. 남은 모발도 동일하게 시술한다.

20. 동일하게 시술한다.

21. 끝 모발을 밴딩으로 고정해준다.

22. 밴딩으로 고정한 모습

23. 왼쪽 가닥을 잡아 시계 방향으로 돌려준다.

24. 돌린 뒷모습

25. 돌린 후 오른쪽 모습

26. 오른쪽 가닥을 잡아 반시계 방향으로 돌려준다.

27. 돌린 왼쪽 모습

28. 윗모습

29. 가운데 가닥은 위로 올려 준다.

30. 위로 올린 끝머리는 오른쪽 가닥 안쪽에 넣어준다.

31. 시술 후 모습

32. 사이드는 세 가닥 파팅으로 나눠 땋아준다.

33. 끝까지 땋아준다.

34. 두 번째 섹션도 동일하게 땋아 준다.

35. 마지막 가닥은 각도를 들어 땋아준다.

36. 땋는 모습

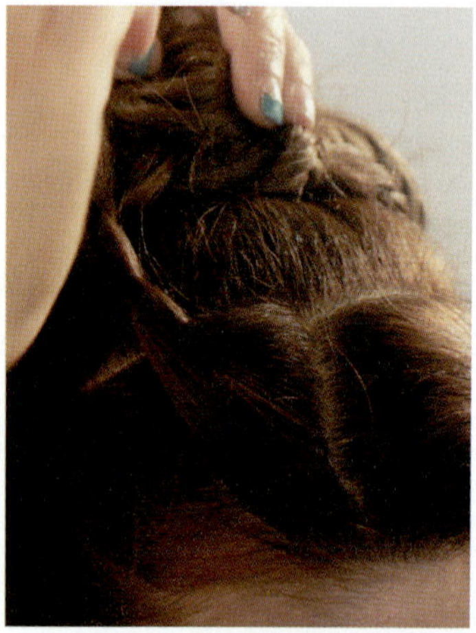

37. 첫 번째 가닥을 톱 포인트 부분에 올려 끝 부분을 말아 장미 모양으로 만들어 준다.

38. 나머지 가닥도 동일하게 시술

39. 시술 후 옆모습

40. 반대쪽 사이드 모습

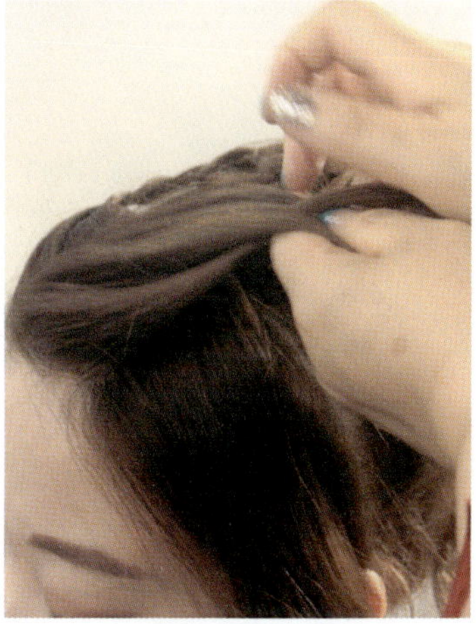

41. 센터 포인트로 당겨 뒤집어 땋는다.

42. 늘어지지 않게 땋는다.

43. 프론트 사이드 포인트도 당겨서 땋는다.

44. 이어포인트로 갈수록 각도를 들어 올려 땋는다.

45. 끝까지 단단하게 땋는다.

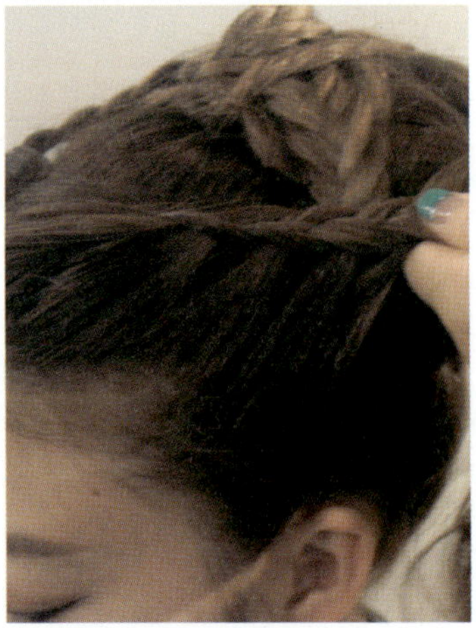

46. 동일하게 시술한다.

47. 동일하게 시술한다.

48. 다 땋은 가닥은 띠를 만들어 돌리고 고정한다.

각도에 따른 완성된 모습

49. 고정한 후 오른쪽 옆모습

50. 고정한 뒷모습

51. 고정한 왼쪽 옆모습

52. 위에서 본 모습

8 땋기 기법 T.P.O 업스타일 8

1) 사용도구

업스타일 시술 도구(꼬리 빗, 실핀, 유핀, 스프레이. 밴드, 고무줄, 광택제, 핀셋, 매직기, 아이롱기 등)

2) 작품분석

① 작품 설명 : 토대의 묶음 없이 모발에 면과 양감을 살려 오직 땋기만으로 엘레강스한 이미지로 연출을 하였다.

② 시술기법 : 땋기

③ 시술 팁 : 정형화 된 디자인을 기피하는 젊은 층의 시술로 적합하다.

④ 스타일 대상 : 20대

⑤ T.P.O : 연주회, 웨딩 식전촬영

3) 시술순서

1. 시술 전 모습

2. 걸면을 세 가닥으로 나눈다.

3. 연결하여 땋아준다.

4. 각도조절과 모량 조절을 일정하게 하여 땋아준다.

5. 사이드머리도 함께 뒤로 당겨 겹치게 땋는다.

6. 동일하게 시술한다.

7. 백 포인트까지 사이드머리와 함께 땋아준다.

8. 모발 끝까지 땋아준다.

9. 동일하게 시술한다.

10. 동일하게 시술한다.

11. 땋은 머리를 위로 고정시켜놓는다.

12. 백 포인트에서 중간 부분 머리를 세 가닥으로 나눈다.

13. 나눈 머리를 세 가닥 땋기를 한다.

14. 동일하게 시술한다.

15. 세 가닥 땋기 하면서 겉부분 머리도 함께 끌어와 땋아준다.

16. 동일하게 시술한다.

17. 동일하게 시술한다.

18. 동일하게 시술한다.

19. 동일하게 시술한다.

20. 끝까지 땋아준다.

21. 끝부분에 밴딩을 해준다.

22. 땋은 머리의 면을 넓게 펴준다.

23. 위에 고정시킨 머리를 내려준다.

24. 윗부분 머리는 다시 위로 고정시킨 후 끝부분을 둥글게 말아 올려준다.

25. 말아 올린 머리를 핀으로 고정시킨다.

26. 고정된 옆모습

27. 올린 윗부분 머리를 내린다.

28. 모발 끝부분을 고리형태로 말아 올려 장미모양을 만들어준다.

29. 고정시킨 모습

각도에 따른 완성된 모습

30. 완성된 왼쪽 모습

31. 완성된 뒷모습

32. 완성된 오른쪽 모습

⑨ 땋기 기법 T.P.O 업스타일 9

1) 사용도구

업스타일 시술 도구(꼬리 빗, 실핀, 유핀, 스프레이. 밴드, 고무줄, 광택제, 핀셋, 매직기, 아이롱기 등)

2) 작품분석

① 작품 설명 : 세미업스타일로 롱 헤어에 적합하며, 여신 같은 느낌으로 여성적이고 러블리 한 디자인으로, 드레스와 원피스에 어울리는 스타일이다.

② 시술기법 : 얼굴형을 고려하여 탑 포인트에 볼륨을 주고 땋기와 꼬기를 적당히 혼합하여 디자인 한다.

③ 시술 팁 : 얼굴형이 크거나 각진 형은 페이스라인과 사이드 머리에 연출한다.

④ 스타일 대상 : 20대, 30대

⑤ T.P.O : 파티, 스냅촬영, 어깨가 노출된 드레스

3) 시술순서

1. 시술 전 웨이브 형성

2. 톱 포인트에 백콤을 넣어준다.

3. 백콤부분을 매끈하게 정리 후 센터부분 머리 뒤로 당겨 빗질한다.

4. 뒤로 당긴 머리를 세 가닥 땋기를 한다.

5. 동일하게 시술한다.

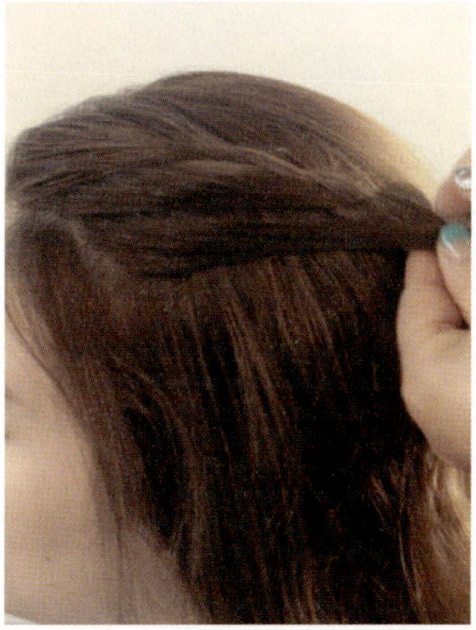

6. 센터부터 이어 포인트까지 연결해서 땋아준다.

7. 동일하게 시술한다.

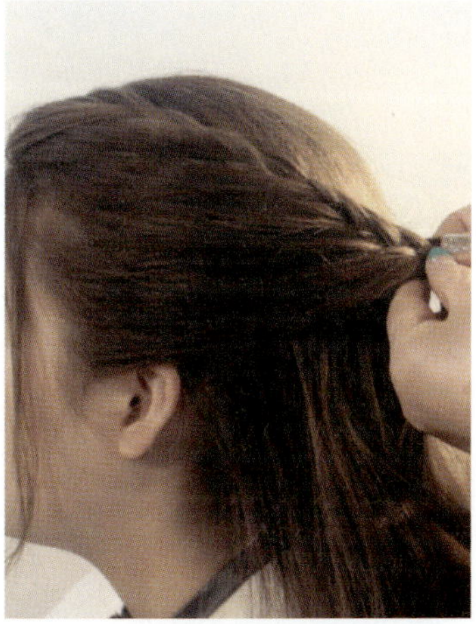

8. 동일하게 시술한다.

9. 땋은 머리를 볼륨감을 살려 가닥가닥 결감을 살려준다.

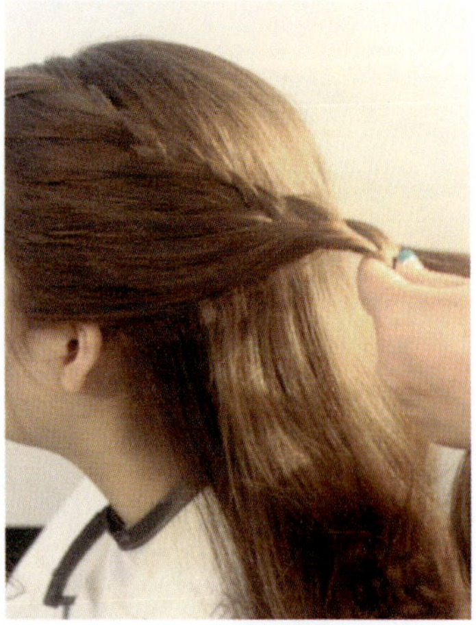

10. 이어 포인트 이후엔 연결없이 땋아준다.

11. 땋은 모습

12. 땋은 머리를 핀컬로 고정해 놓는다.

13. 반대편도 동일하게 시술한다.

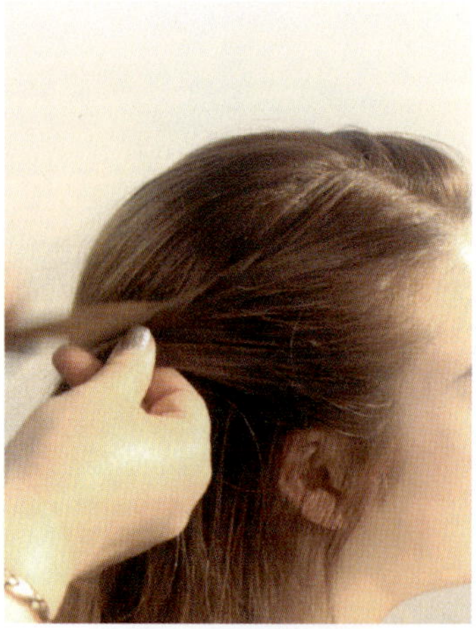

14. 이어포인트까지 연결하여 땋아준다.

15. 동일하게 시술한다.

16. 동일하게 시술한다.

17. 동일하게 시술한다.

18. 결감을 살리지 않고 매끈하게 땋아준다.

19. 고정했던 머리와 함께 잡아 밴딩한다.

20. 사이드 머리를 얇게 섹션을 잡아 매직기로 아웃컬로 포인트를 만들어준다.

21. 동일하게 시술한다.

22. 뒷부분에서 풍성한 볼륨감을 위에 가닥가닥 릿지감을 주기위해 웨이브를 형성해준다.

23. 반대편도 동일하게 시술한다.

24. 동일하게 시술한다.

25. 왼쪽 사이드부분의 땋은 머리 사이에서 한 가닥을 빼서 포인트를 준다.

26. 밴딩 된 부분을 당겨 단단하게 고정해준다.

27. 밴딩이 보이지 않게 골덴 포인트쪽에서 속머리를 빼준다.

28. 뺀 부분의 웨이브의 릿지감을 매직기로 살려준다.

29. 릿지감을 살린 뒷모습

30. 밴딩부분을 가린 후 모습

각도에 따른 완성된 모습

31. 완성된 오른쪽 모습

32. 완성된 위에서 본 앞모습

33. 완성된 왼쪽 모습

⑩ 땋기 기법 T.P.O 업스타일 10

1) 사용도구

업스타일 시술 도구(꼬리 빗, 실핀, 유핀, 스프레이. 밴드, 고무줄, 광택제, 핀셋, 매직기, 아이롱기 등)

2) 작품분석

① 작품 설명 : 하위 토대로 긴 머리에 모량을 잘 살려 모두 땋기 기법으로 디자인 한다.

② 시술기법 : 모량을 일정한 나누기로 나눠 땋기의 볼륨을 조절하여 견고하고 안정감 있게 고정한다.

③ 시술 팁 : 모발이 짧은 경우는 싱과 달비를 이용하여 디자인한다.

④ 스타일 대상 : 20~50대

⑤ T.P.O : 전통 한복, 폐백 ,퓨전한복, 액세서리를 이용으로 웨딩디자인으로도 적합하다.

3) 시술순서

1. 시술 전 웨이브 형성

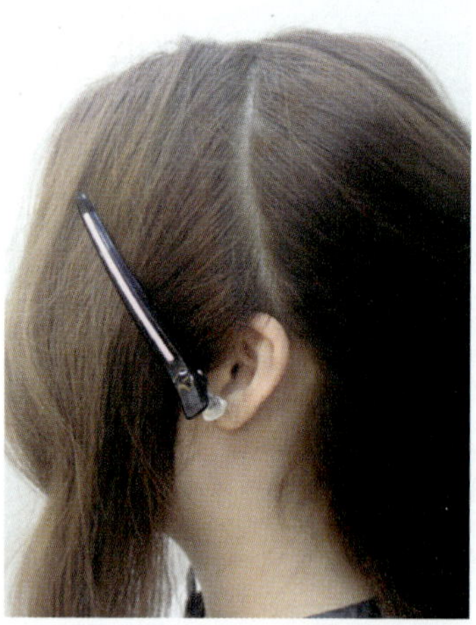

2. 이어 투 이어 사이드 섹션을 나눈다.

3. 반대편 이어 투 이어 사이드 섹션을 나눠준다.

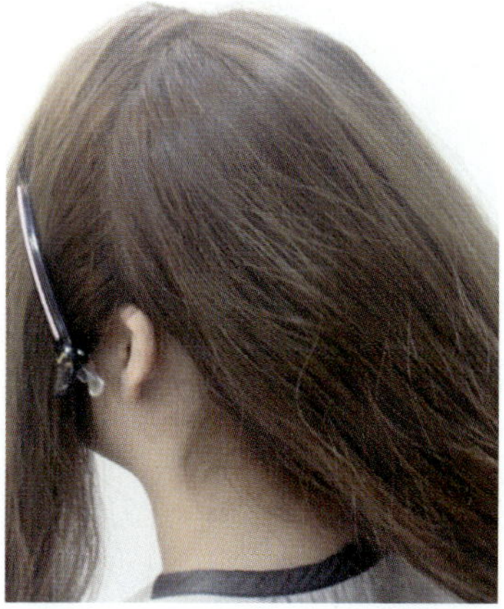

4. 백부분의 머리를 매끈하게 빗질 해주다.

5. 빗질한 머리를 하위토대로 위치를 잡아준다.

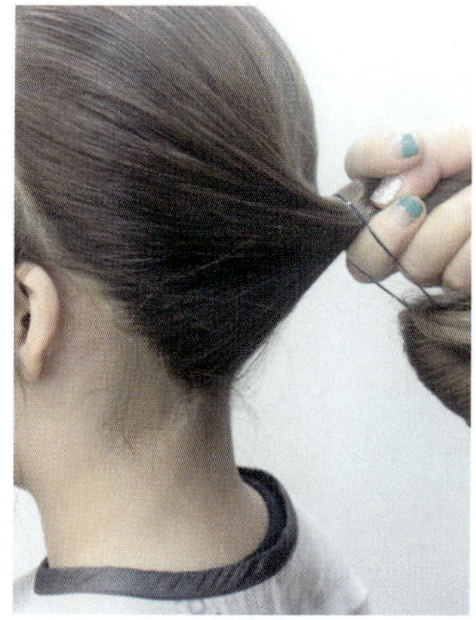

6. 위치를 잡은 토대를 밴딩한다.

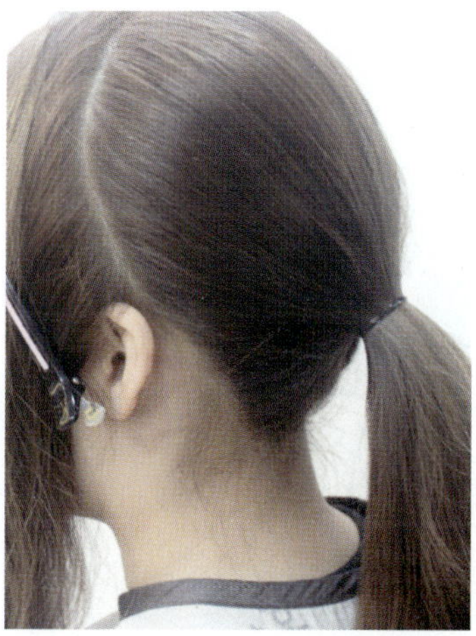

7. 밴딩한 모습

8. 토대를 네 갈래로 나눠 두 가닥으로 땋아준다.

9. 끝까지 땋아준다.

10. 나머지 갈래도 두 가닥으로 땋아준다.

11. 동일하게 시술한다.

12. 동일하게 시술한다.

13. 동일하게 시술한다.

14. 밑부분은 밴딩하여 준다.

15. 땋기의 면을 살려 느슨하게 고정한다.

16. 모발이 뜨지 않도록 핀으로 고정한다.

17. 끝부분을 말아 반대편으로 고정한다.

18. 고정한 모습

19. 반대편도 동일하게 시술한다.

20. 반대쪽과 균형을 맞춰 모발이 뜨지 않게 고정시킨다.

21. 동일하게 시술한다.

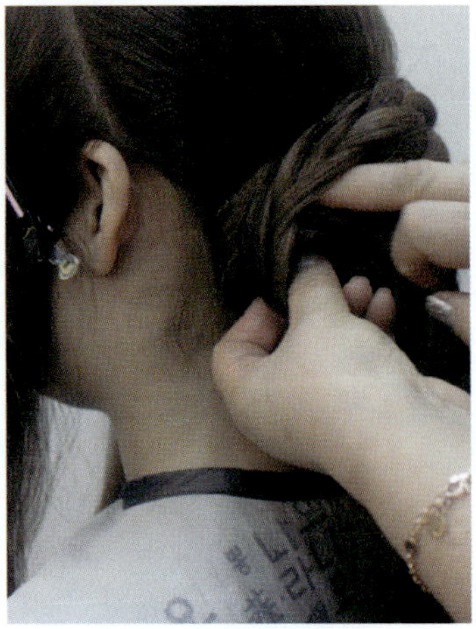

22. 반대편과 동일하게 시술한다.

23. 동일하게 시술한다.

24. 땋기의 디테일을 살려 동일하게 시술한다.

25. 핀으로 고정한다.

26. 모양을 잡아준다.

27. 모양을 잡아준다.

28. 남은 모발로 띠를 만들 듯이 돌려서 고정한다.

29. 완성된 모습

30. 완성된 모습

31. 앞머리부터 사이드머리까지 매끈하게 빗질한다.

32. 이어포인트부터 밑으로 땋아준다.

33. 연결해서 땋아준다.

34. 땋기를 이어간다.

35. 끝부분을 말아 올린다.

36. 말아올린 모발을 토대 위에 고정시킨다.

37. 위치를 잡아준다.

38. 핀으로 단단하게 고정시킨다.

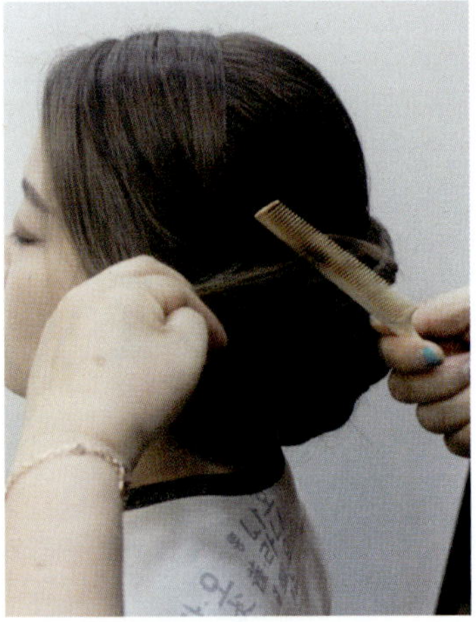

39. 앞머리 부분을 아웃컬로 연결해준다.

40. 연결한 모습

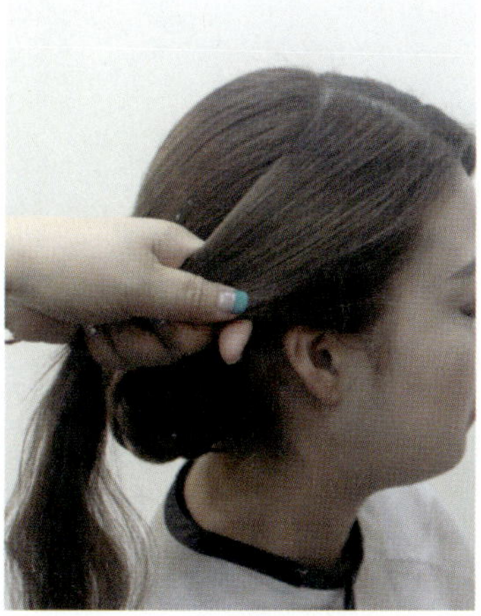

41. 반대편도 동일하게 시술한다.

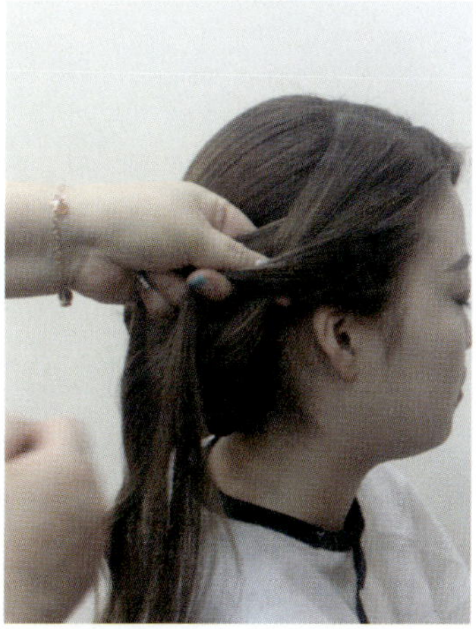

42. 땋기를 한다.

43. 끝까지 땋아준다.

44. 땋은 상태이다.

45. 끝부분을 말아 올린다.

46. 토대 위에 위치를 잡아준다.

47. 핀으로 고정한 모습

각도에 따른 완성된 모습

48. 완성된 뒷모습

49. 완성된 오른쪽 모습

50. 완성된 오른쪽 모습

51. 완성된 왼쪽 모습

52. 완성된 왼쪽 모습

53. 액세서리를 사용한 오른쪽 모습

54. 액세서리를 사용한 왼쪽 모습

55. 액세서리를 사용한 오른쪽 모습

56. 액세서리를 사용한 오른쪽 모습

⑪ 땋기 기법 T.P.O 업스타일 11

1) 사용도구

업스타일 시술 도구(꼬리 빗, 실핀, 유핀, 스프레이. 밴드, 고무줄, 광택제, 핀셋, 매직기, 아이롱기 등)

2) 작품분석

① 작품 설명 : 하위 토대 롱 헤어에 장점을 살려 굵은 땋기로 면을 강조하여 전체적으로 단아한 이미지를 연출한다.

② 시술기법 : 땋기, 꼬기, 사이드에 땋기 기법으로 볼륨감과 방향감을 잘 조절한다.

③ 시술 팁 : 넓은 면의 땋기로 정형화된 느낌을 해소하고 좀 더 부드럽고 세련되고 고급스럽게 표현한다.

④ 스타일 대상 : 20대 ~ 50대

⑤ T.P.O : 웨딩과 한복에 다 가능하나 액세서리에 선택으로 현대미와 고전미를 표현이 가능한 디자인

3) 시술순서

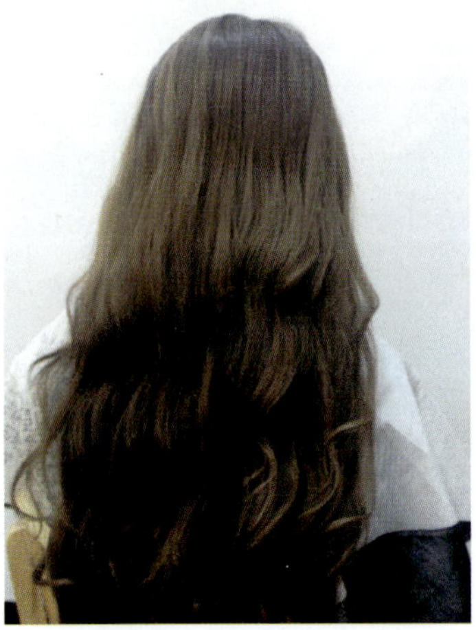

1. 시술 전 웨이브 형성

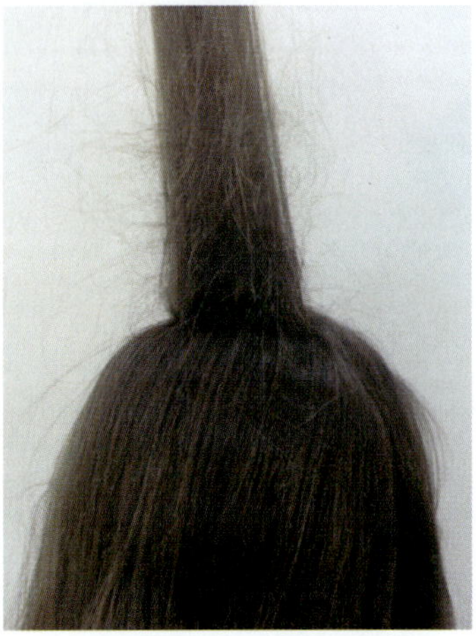

2. 톱 포인트에 백콤을 넣어준다.

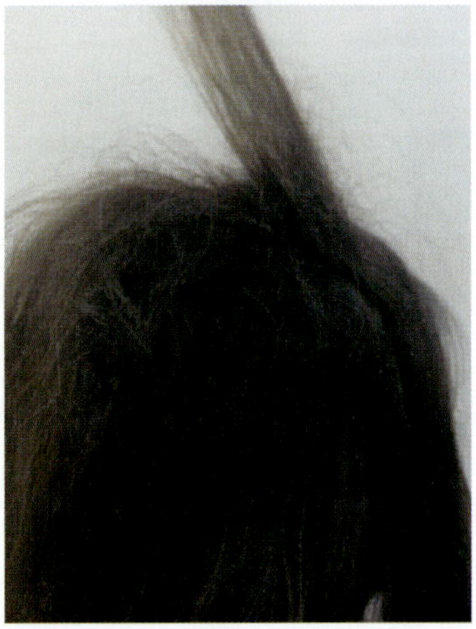

3. 백콤을 넣은 모습

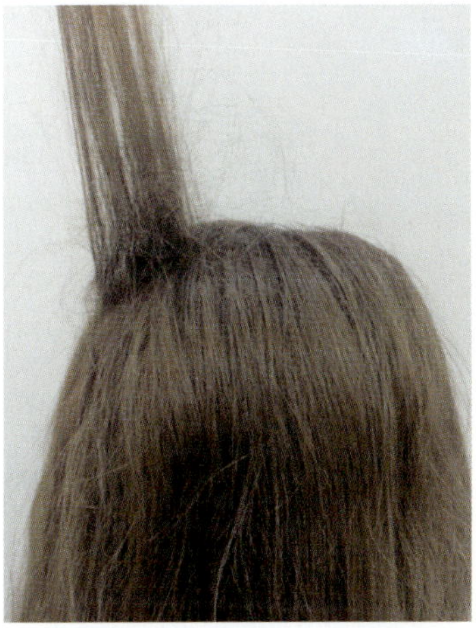

4. 백콤이 된 상태이다.

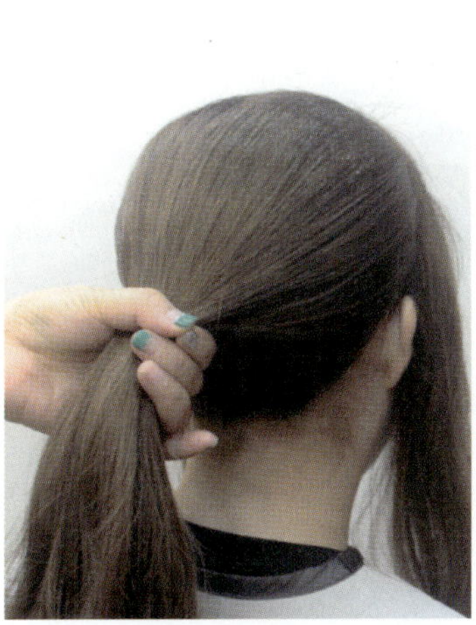

5. 백콤 부분을 매끈하게 빗질한 후 하위 토대로 위치를 잡아준다.

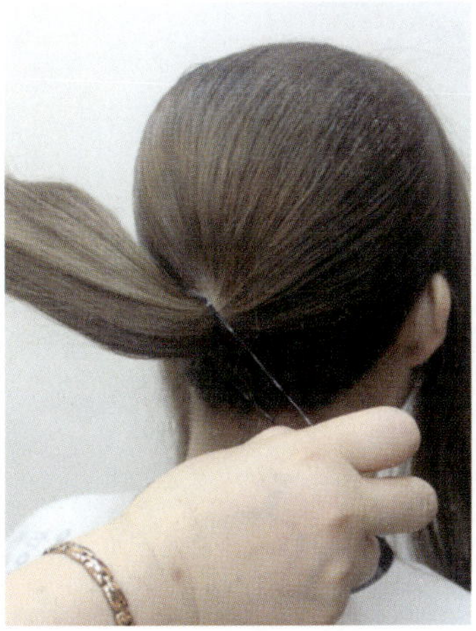

6. 위치를 잡은 토대를 밴딩으로 묶어준다.

7. 묶은 머리를 한 가닥 잡아 준다.

8. 잡은 가닥을 세 갈래로 나눠준다.

9. 세 가닥 땋기를 한다.

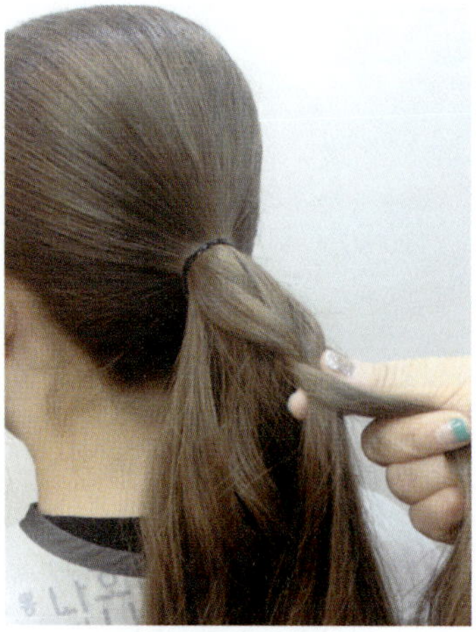

10. 동일하게 시술한다.

11. 뒷부분 머리를 끌어당겨 겹쳐서 땋아준다.

12. 동일하게 시술한다.

13. 동일하게 시술한다.

14. 동일하게 시술한다.

15. 동일하게 시술한다.

16. 끝까지 땋아 밑부분을 동그랗게 밴딩처리 해준다.

17. 땋기 양감을 살려 잘 보이도록 감아 올린다.

18. 모발이 뜨지 않게 핀으로 고정시킨다.

19. 모양을 잡아준다.

20. 네이프쪽 모발도 뜨지 않도록 단단하게 고정한다.

21. 고정 후 모양을 잡아준다.

22. 모양을 잡아 고정시킨다.

23. 완성된 모습

24. 완성된 네이프쪽 모습

25. 완성된 뒷모습

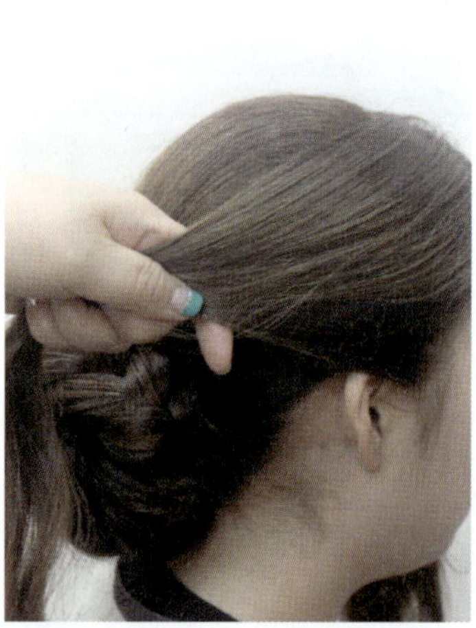

26. 사이드 부분을 매끈하게 빗질 해준다.

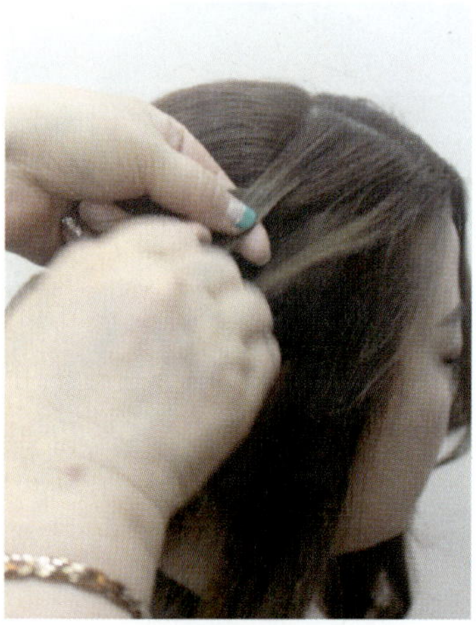

27. 세 갈래로 나눠준다.

28. 세 가닥 땋기를 하면서 한 가닥씩 끌어당겨 같이 땋아준다.

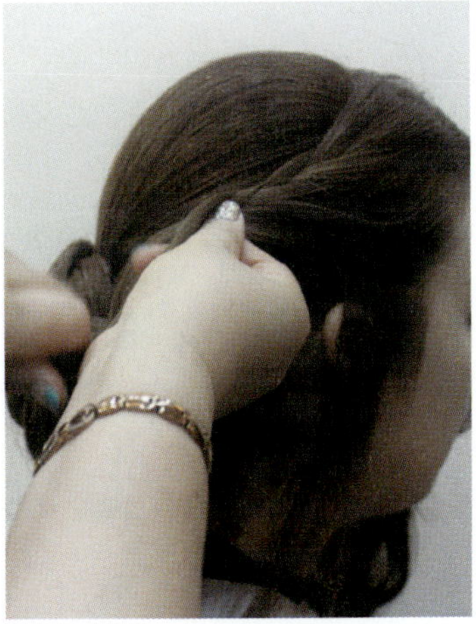

29. 밑에 머리를 가져와서 계속 땋아주다.

30. 동일하게 시술한다.

31. 끝까지 땋아준다.

32. 땋은 상태이다.

33. 끝부분을 백콤으로 고정시킨다.

34. 땋은 머리를 토대 위에 띠로 감아 단단히 고정시킨다.

35. 고정된 모습

36. 고정된 모습

37. 센터부분 모발 섹션을 나눠 잡는다.

38. 한번 꼬아 위치를 잡는다.

39. 위치를 잡은 모발을 핀으로 고정시킨다.

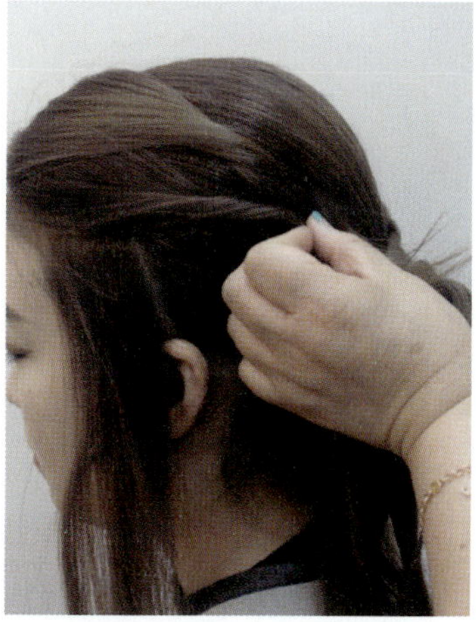

40. 똑같이 가닥을 잡아 꼬아 고정 시킨다.

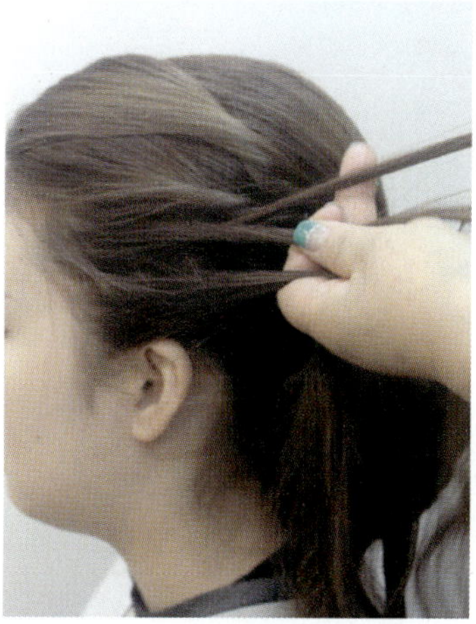

41. 마지막 모발을 두 갈래로 나눠 땋아준다.

42. 땋는 모습

43. 끝까지 땋아준다.

44. 고정된 모발을 세 가닥으로 땋는다.

45. 계속 땋아준다.

46. 끝까지 땋아준다.

47. 동일하게 시술한다.

48. 끝부분 모발을 말아올려 디자인한다.

각도에 따른 완성된 모습

49. 완성된 뒷모습

50. 비녀와 뒷꽂이 사용한 모습

51. 비녀와 뒷꽂이를 사용한 오른쪽 모습

52. 비녀와 뒷꽂이를 사용한 오른쪽 모습

53. 비녀와 뒷꽂이를 사용한 왼쪽 모습

54. 비녀와 뒷꽂이를 사용한 완성된 모습

⑫ 딸기 기법 T.P.O 업스타일 12

1) 사용도구

업스타일 시술 도구(꼬리 빗, 실핀, 유핀, 스프레이. 밴드, 고무줄, 광택제, 핀셋, 매직기, 아이롱기 등)

2) 작품분석

① 작품 설명 : 상위 토대로 딸기의 면을 펼쳐서 장미꽃의 모양으로 표현한다.
② 시술기법 : 프론트와 사이드는 얼굴형을 고려하고 연령을 고려하여 양감을 조절한다.
③ 시술 팁 : 모발 기장이 짧은 경우 전체적인 파팅을 고려하여 섹션을 세분화시킨다.
④ 스타일 대상 : 20~40대
⑤ T.P.O : 연주회, 웨딩, 발표회, 파티

3) 시술순서

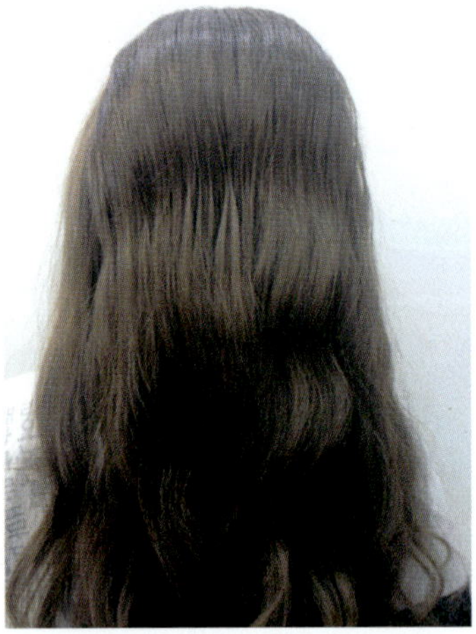

1. 시술 전 웨이브 형성

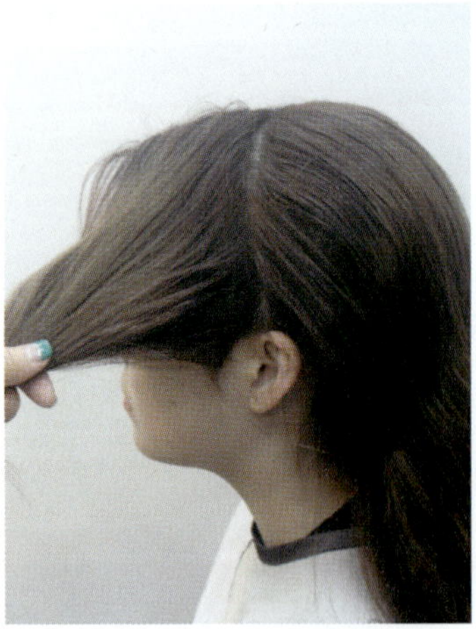

2. 이어 투 이어 사이드 섹션 나누기

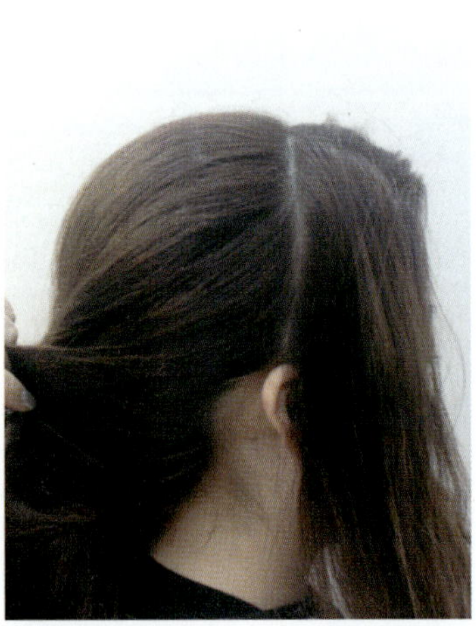

3. 이어 투 이어 사이드 섹션 나누기

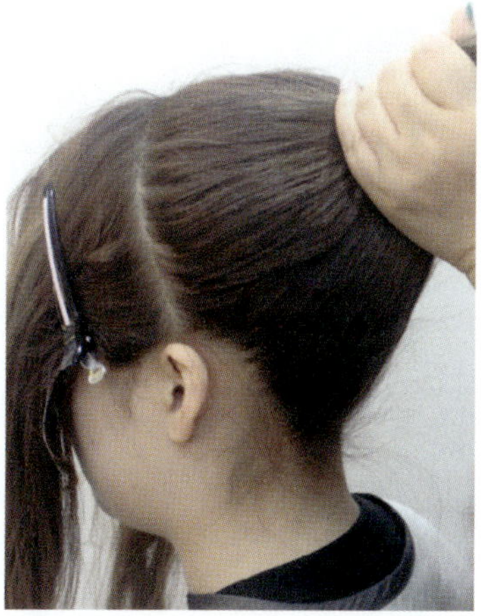

4. 상위 토대 위치 잡기

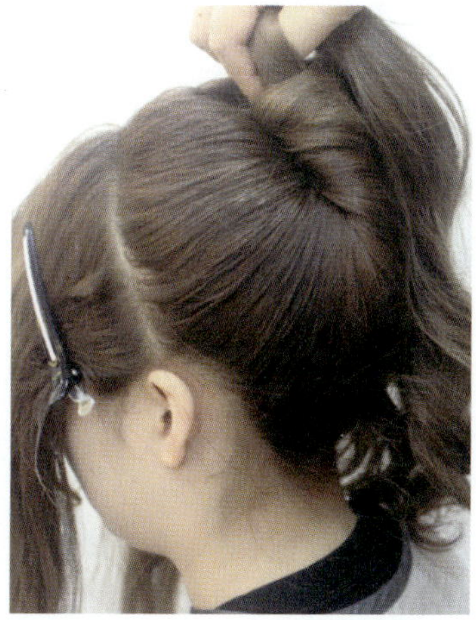

5. 상위로 말아 토대를 만든다.

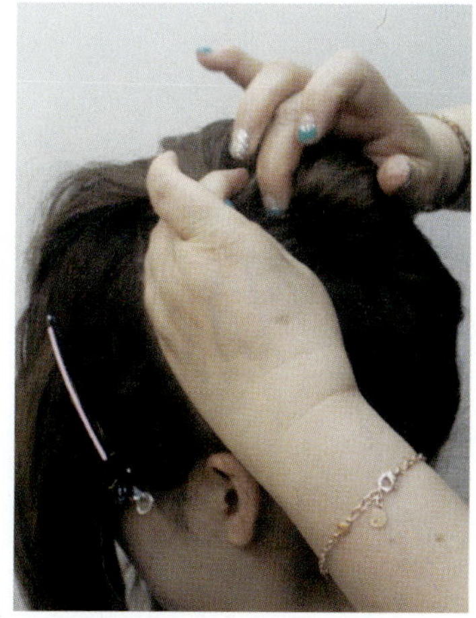

6. 핀으로 단단히 고정

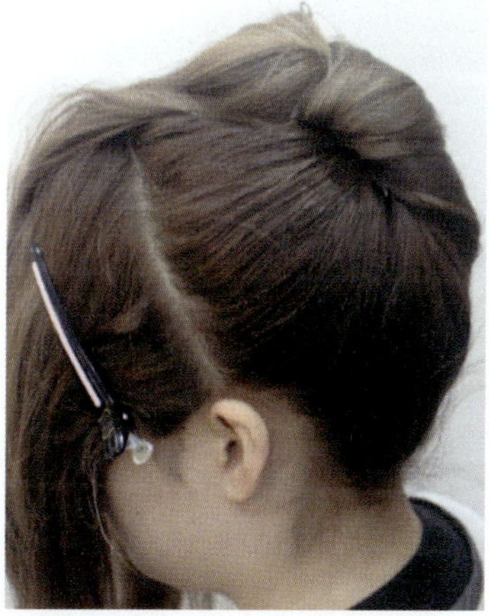

7. 고정한 모습

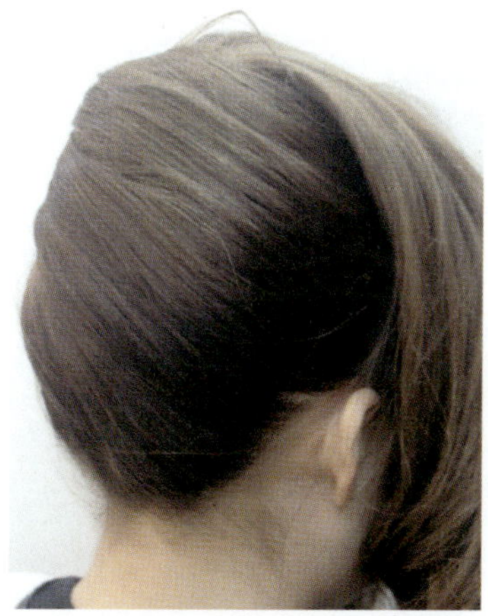

8. 오른쪽에서 본 모습

9. 고정 후 뒷모습

10. 모발을 잡아 정돈한다.

11. 모발을 세 가닥 땋기한다.

12. 끝까지 땋아준다.

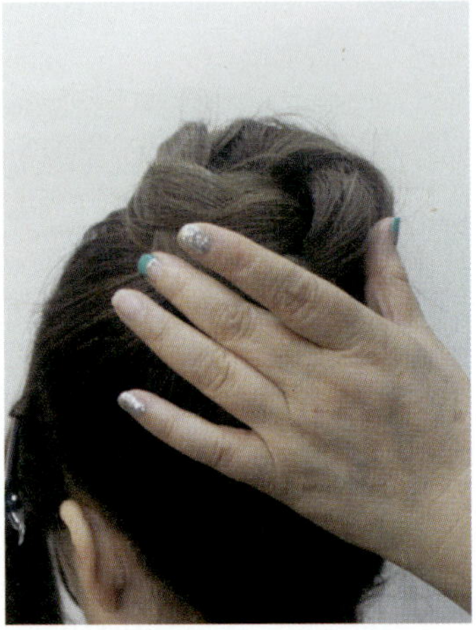

13. 토대를 중심으로 둥글게 말아서 고정시킨다.

14. 고정된 모습

15. 완성된 뒷모습

16. 완성된 왼쪽 옆모습

17. 완성된 오른쪽 옆모습

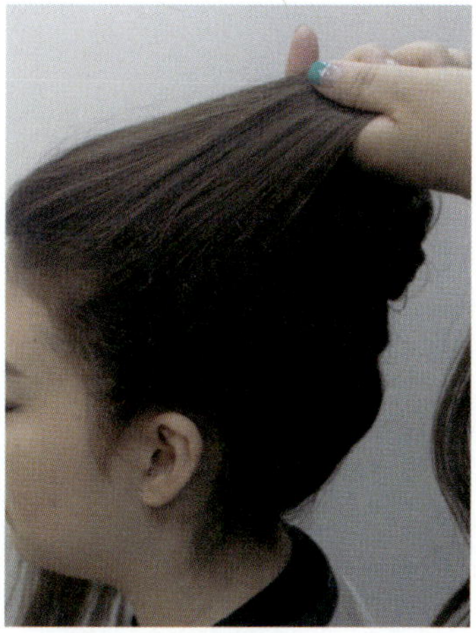

18. 왼쪽 사이드 모발을 톱으로 올려 매끈하게 빗어준다.

19. 토대 윗 부분부터 세 가닥 땋기 해준다.

20. 연결해서 땋아준다.

21. 끝까지 땋아준다.

22. 땋은 모발을 토대 주변으로 띠를 두른다.

23. 띠를 두른 모발 끝을 핀으로 고정한다.

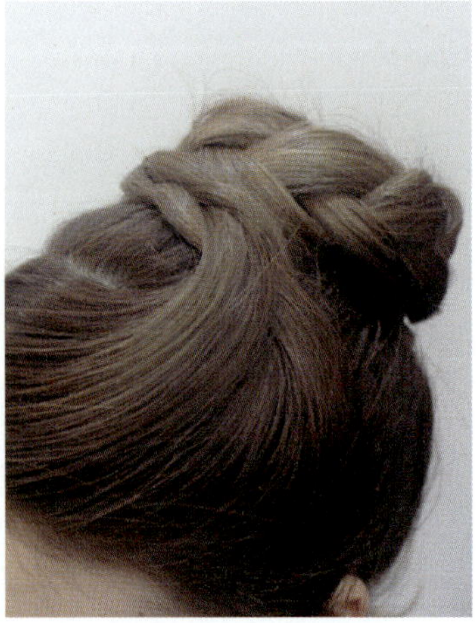

24. 고정시킨 모습

25. 고정시킨 오른쪽 모습

26. 끝부분을 고리모양으로 말아 핀으로 고정시킨다.

27. 고정된 모습

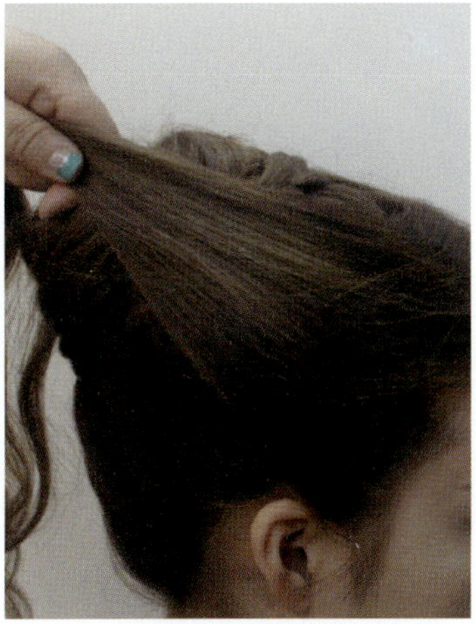

28. 오른쪽 부분도 동일하게 시술한다.

29. 세 가닥으로 나뉜다.

30. 땋기를 시작한다.

31. 동일하게 시술한다.

32. 끝까지 땋기를 한다.

33. 땋은 상태이다.

34. 끝까지 땋은 머리를 토대 위로 띠를 만들 듯 둘러 디자인한다.

35. 끝부분은 고리형태로 토대 중앙에 디자인하여 고정시켜준다.

각도에 따른 완성된 모습

36. 완성된 오른쪽 모습

37. 완성된 뒷모습

38. 완성된 왼쪽 모습

39. 완성된 왼쪽 모습

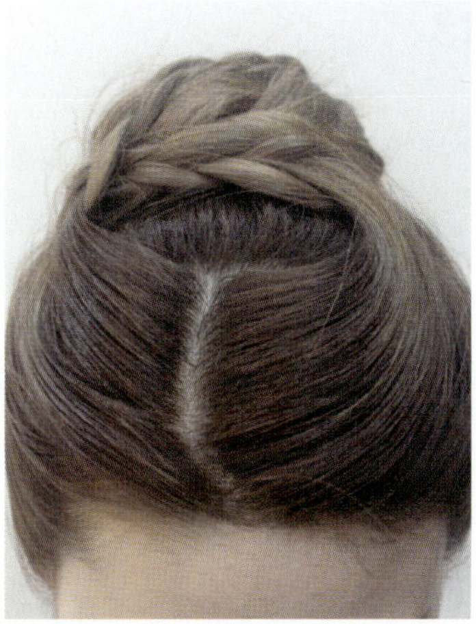

40. 완성된 위에서 본 앞모습

41. 완성된 왼쪽 위에서 본 모습

⑬ 땋기 기법 T.P.O 업스타일 13

1) 사용도구

업스타일 시술 도구(꼬리 빗, 실핀, 유핀, 스프레이. 밴드, 고무줄, 광택제, 핀셋, 매직기, 아이롱기 등)

2) 작품분석

① 작품 설명 : 골덴포인트에 토대를 만들고 땋기기법으로 자유롭게 디자인 한다.

② 시술기법 : 롱 헤어일 때는 전체적으로 땋기의 면을 넓게 하여 디자인하고 모발이 짧거나 모량이 작을 때는 땋기와 꼬기를 적절히 혼합한다.

③ 시술 팁 : 상위와 하위의 중간토대로 과하지 않은 디자인으로 한복과 드레스에 모두 적합한 디자인이다.

④ 스타일 대상 : 20대 ~ 30대

⑤ T.P.O : 데일리, 예식, 드레스, 원피스, 셀프웨딩촬영, 스냅사진

3) 시술순서

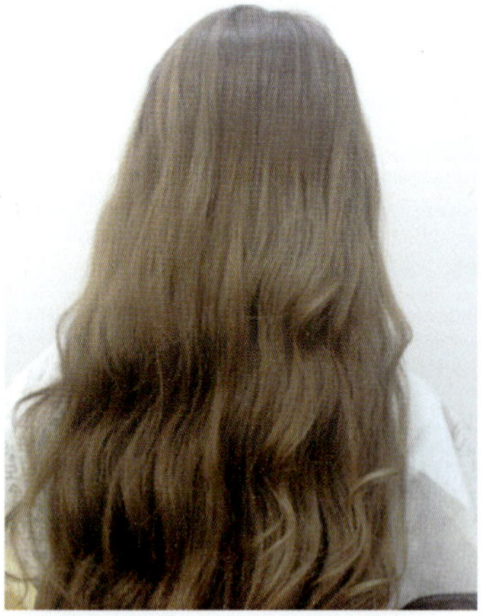

1. 굵고 자연스러운 컬을 넣어준다.

2. 토대의 위치를 하위토대로 잡아 정리해준다.

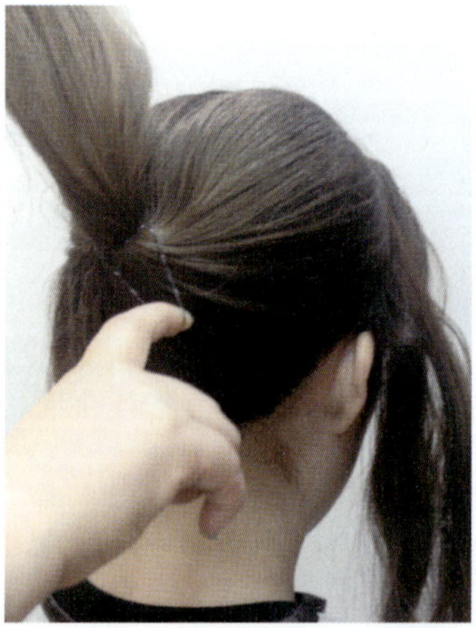

3. 고무줄을 사용하여 단단히 토대를 묶어준다.

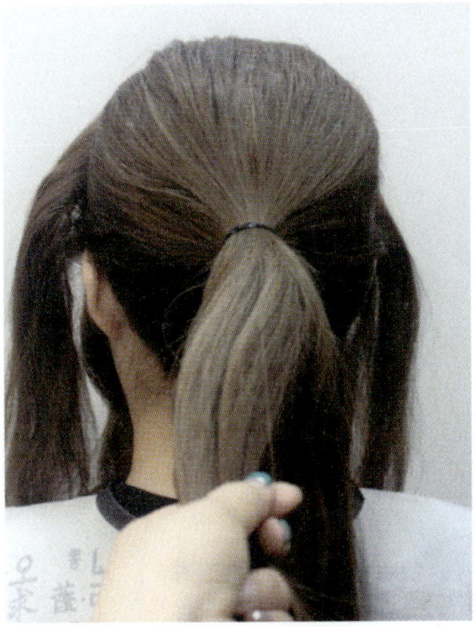

4. 묶은 토대의 머리카락을 반으로 갈라준다.

5. 세 가닥으로 나눠잡는다.

6. 나눈 머리카락을 땋아준다.

7. 반대편도 똑같이 땋아준다.

8. 다 땋은 모습

9. 다 땋은 전체적인 모습

10. 오른쪽 땋은 머리를 2/3지점을 위로 올려 위치를 잡아준다.

11. 실핀으로 고정시킨다.

12. 반대편도 똑같이 모양을 만들어 준다.

13. 밑에 남은 머리카락을 안으로 집어넣어 깔끔하게 모양을 만들어 준다.

14. 반대편도 똑같이 시술

15. 정리한 후 뒷모습

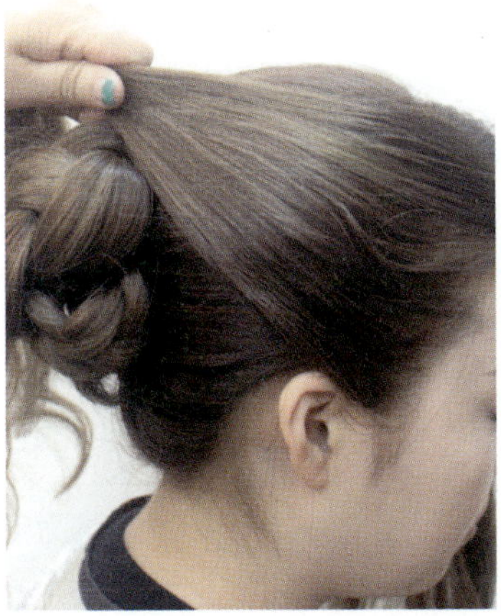

16. 오른쪽 사이드부분 머리카락을 넓게 펴 뒤로 넘긴다.

17. 반대쪽도 똑같이 넘긴 후 한 손으로 모아잡는다.

18. 세 가닥으로 나눠 땋기 해준다.

19. 모양을 넓게 만들면서 땋아준다.

20. 계속 이어 땋아준다.

21. 땋은 머리를 뒷머리 가운데로 디자인해 고정시킨다.

각도에 따른 완성된 모습

22. 고정시킨 모습

23. 완성된 뒷모습

24. 완성된 오른쪽 모습

25. 완성된 왼쪽 모습

UP STYLE

UP STYLE

제6장

꼬기 업스타일

1 꼬기 기법 T.P.O 업스타일 1

1) 사용도구

업스타일 시술 도구(꼬리 빗, 실핀, 유핀, 스프레이. 밴드, 고무줄, 광택제, 핀셋, 매직기, 아이롱기 등)

2) 작품분석

① 작품 설명 : 하위 스타일로 단아함과 정교함으로 꼬기의 디테일을 살려 귀엽고 러블리하게 디자인한다.

② 시술기법 : 꼬기를 이용한 하위토대를 한다.

③ 시술 팁 : 꼬기에 양감을 잘 조절한다.

④ 스타일 대상 : 웨딩헤어나 20 ~ 30대까지의 돌잔치 스타일

⑤ T.P.O : 5월의 신부, 젊은 스타일, 야외촬영

3) 시술순서

1. 자연스럽게 굵은 웨이브를 형성해준다.

2. 이어 투 이어 파팅

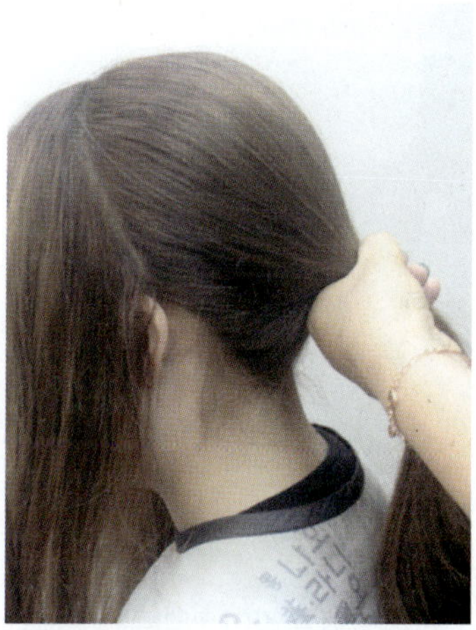

3. 머리카락을 정리하여 토대를 설정한다.

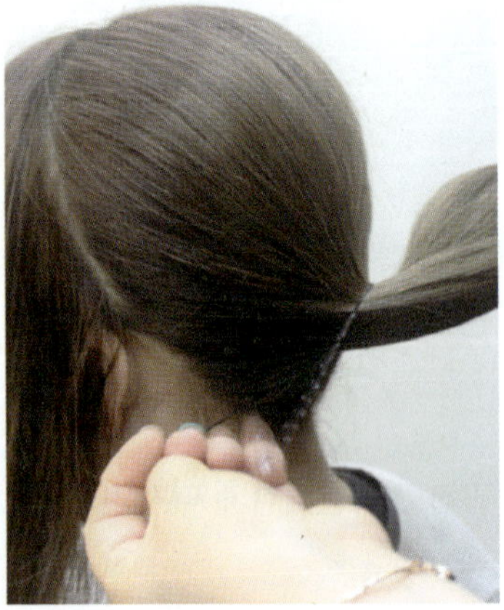

4. 하위토대를 잡아 고무줄로 단단히 묶어준다.

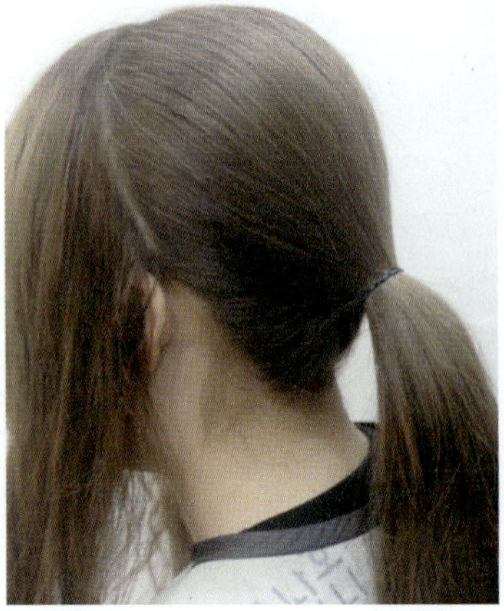

5. 고무줄로 묶은 모습

6. 머리카락을 두 가닥으로 나눠 한 쪽 먼저 꼬아준다.

7. 반대편도 똑같이 꼬아준다.

8. 다 꼬아준 모습

9. 꼰 두 가닥을 합쳐 한 번 더 꼬아준다.

10. 꼬고 있는 모습

11. 다 꼬은 후 모습

12. 시술 중 모습

13. 토대의 밑 부분을 손가락을 사용해 가운데 틈을 만들어준다.

14. 틈으로 모발 끝을 넣어준다.

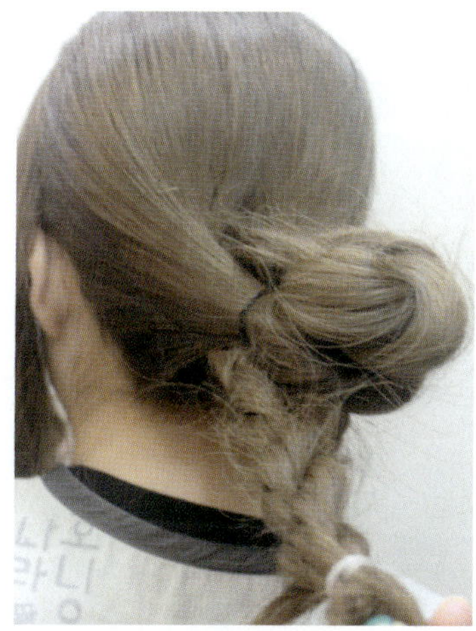

15. 넣은 후 모습

16. 모발 끝을 반대편으로 돌려 고정한다.

17. 핀으로 고정한 모습

18. 밑부분도 단단하게 고정시킨다.

19. 완성된 뒷모습

20. 옆에서 본 모습

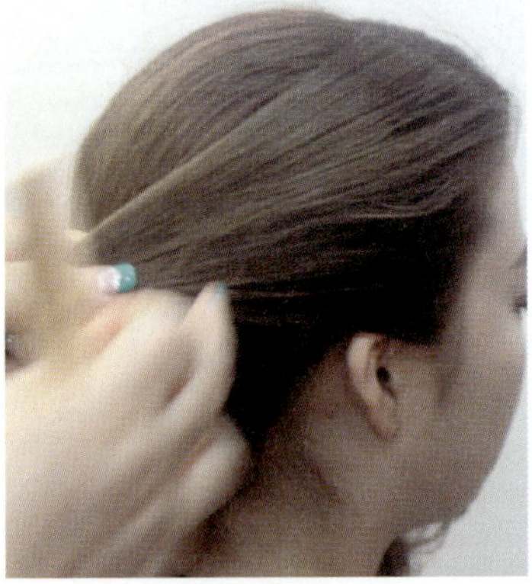

21. 오른쪽 사이드 머리카락을 결을 정돈하여 빗어준다.

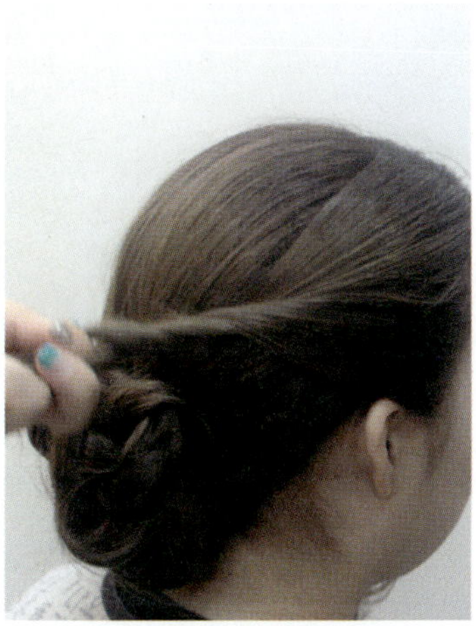

22. 꼬기기법은 잘 풀릴 수 있으므로 견고하게 꼬아준다.

23. 시술 중 모습

24. 끝까지 꼬아준 모습

25. 뒷부분 토대에 모발 끝부분을 핀으로 결합시켜준다.

26. 결합시킨 모습

27. 꼬아 놓은 모발 중간부분을 잡아 틀을 잡아 고정시킨다.

28. 핀으로 고정한 모습

29. 핀으로 고정한 모습

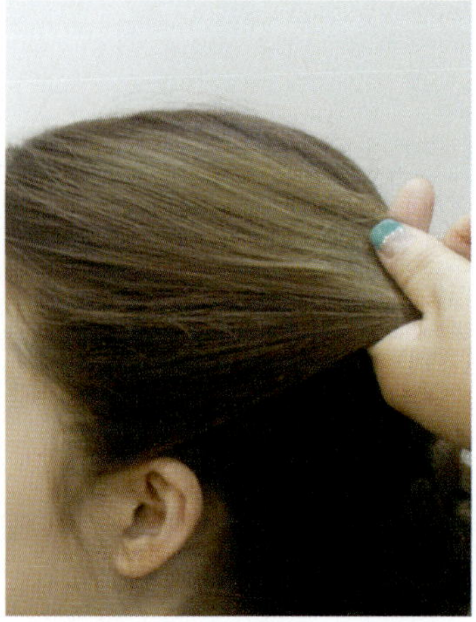

30. 반대편도 동일하게 결정리를 해준다.

31. 견고하게 머리카락을 꼬아준다.

32. 끝까지 꼬아준다.

33. 볼륨감을 주기 위하여 끝부분을 조금씩 잡아 빼준다.

34. 동일하게 시술

35. 볼륨감과 결감을 만든 후 모습

36. 뒷 토대에 모발 끝을 결합시킨다.

37. 모발 중간을 잡아 틀을 만들어 고정시킨다.

38. 고정시키고 모양을 만든다.

각도에 따른 완성된 모습

39. 완성된 왼쪽 모습

40. 완성된 뒷모습

41. 완성된 오른쪽 모습

❷ 꼬기 기법 T.P.O 업스타일 2

1) 사용도구

업스타일 시술 도구(꼬리 빗, 실핀, 유핀, 스프레이. 밴드, 고무줄, 광택제, 핀셋, 매직기, 아이롱기 등)

2) 작품분석

① 작품 설명 : 하위로 살짝 묶어 웨이브의 디테일을 살린 내추럴한 디자인을 연출한다.

② 시술기법 : 꼬기를 이용한 하위토대로 한다.

③ 시술 팁 : 모발 길이, 모발의 양에 따라 웨이브 굵기를 조절한다.

④ 스타일 대상 : 20~30대 웨딩야외촬영, 연주회 참가자

⑤ T.P.O : 가을 연주회, 웨딩촬영

3) 시술순서

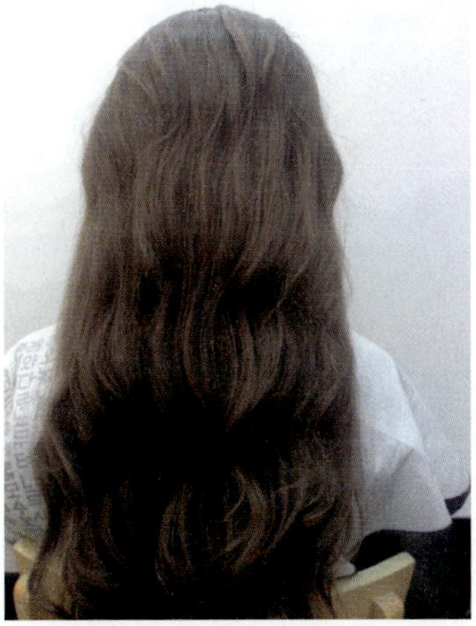

1. 굵은 웨이브를 형성한다.

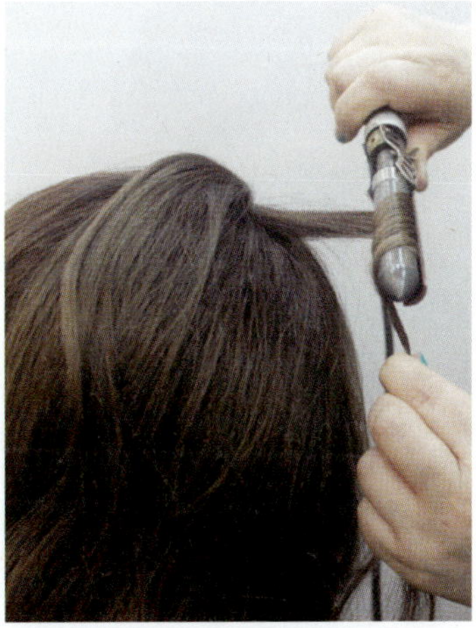

2. 좀 더 강한 결감을 주기 위해 아이롱을 사용하여 컬을 형성한다.

3. 시술 중 모습

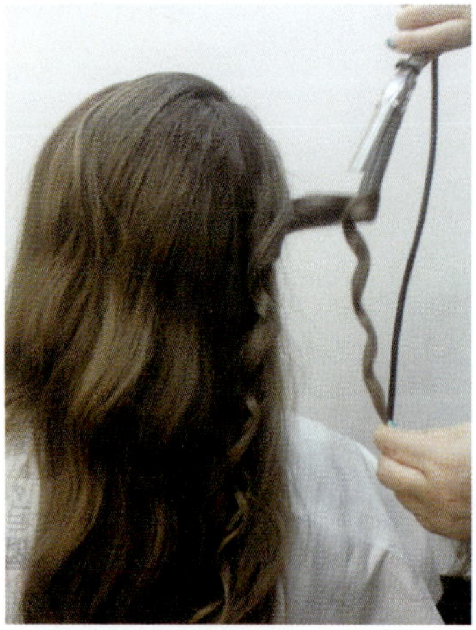

4. 시술 중 모습

5. 아이롱을 사용한 컬 형성 모습

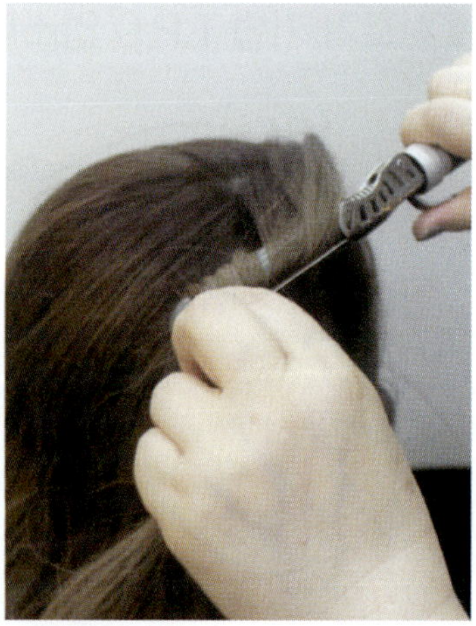

6. 동일하게 시술한다.

7. 겉단을 위주로 결감을 만들어준다.

8. 웨이브 형성 후 모습

9. 손으로 웨이브 결을 풀어준다.

10. 양쪽 사이드 부분 한 단을 잡아 자연스럽게 꼬아준다.

11. 고무줄로 고정한 모습

12. 고무줄로 묶은 모습

13. 묶어놓은 끈이 보이지 않게 모발을 사용하여 가려준다.

14. 완성된 모습

4) 응용스타일

1. 전 시술의 완성 시술 단계를 준비한다.

2. 모발을 세 가닥으로 나눠잡는다.

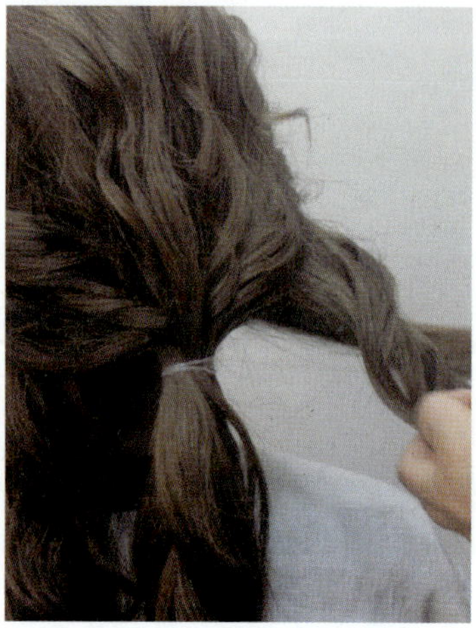

3. 나눈 모발 중 가운데 부분 모발을 고무줄로 고정시킨다.

4. 오른쪽 모발을 꼬아준다.

5. 꼬은 모발을 묶어놓은 모발에 둘러서 결합시켜준다.

6. 핀이 보이지 않도록 뒤로 실핀을 고정시킨다.

7. 모양을 잡는다.

8. 고정시킨 모습

9. 반대편 모발도 똑같이 시술한다.

10. 모발을 꼬아준다.

11. 끝까지 꼬아놓은 모습

12. 동일하게 가운데 묶어놓은 모발에 결합시킨다.

13. 모발 끝을 보이지 않게 실핀으로 뒤로 고정시킨다.

각도에 따른 완성된 모습

14. 완성된 왼쪽 모습

15. 완성된 왼쪽 모습

16. 완성된 뒷모습

17. 완성된 뒷모습

18. 완성된 오른쪽 모습

19. 모발을 앞으로 넘긴 모습

20. 완성된 모습

21. 완성된 모습

③ 꼬기 기법 T.P.O 업스타일 3

1) 사용도구

업스타일 시술 도구(꼬리 빗, 실핀, 유핀, 스프레이. 밴드, 고무줄, 광택제, 핀셋, 매직기, 아이롱기 등)

2) 작품분석

① 작품 설명 : 하위 스타일로 단아함과 정교함으로 꼬기의 디테일을 살려 귀엽고 러블리하게 디자인한다.
② 시술기법 : 꼬기를 이용한 하위토대로 한다.
③ 시술 팁 : 꼬기에 양감을 잘 조절한다.
④ 스타일 대상 : 웨딩헤어나 돌잔치 스타일, 스몰웨딩 , 본식웨딩헤어에 적용한다.
⑤ T.P.O : 신부업스타일 , 영한 스타일 , 웨딩야외촬영

3) 시술순서

1. 강한 웨이브를 형성해준다.

2. 이어 투 이어 섹션으로 나눠준다.

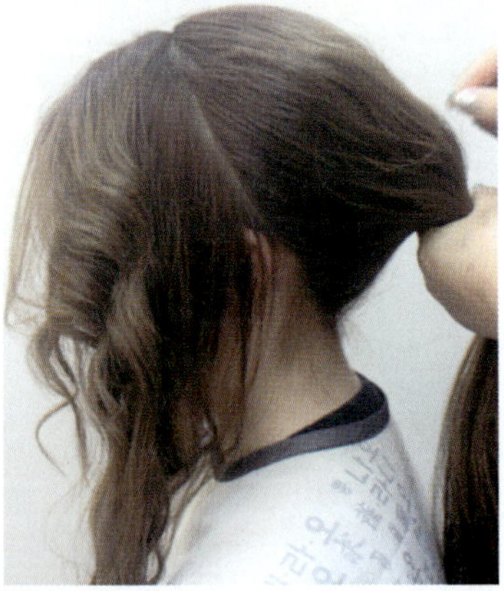

3. 토대를 설정한다.

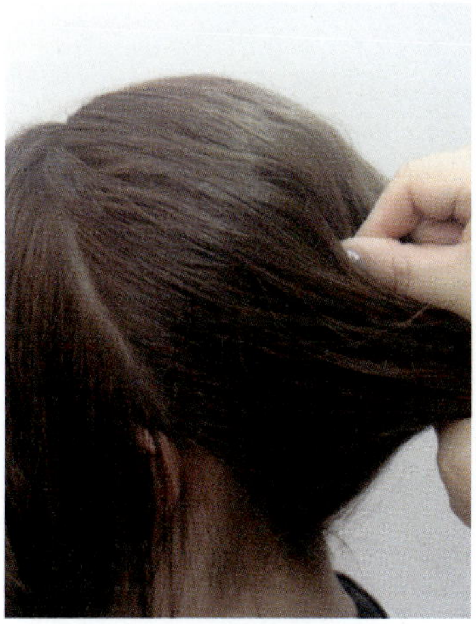

4. 웨이브의 결감을 살려준다.

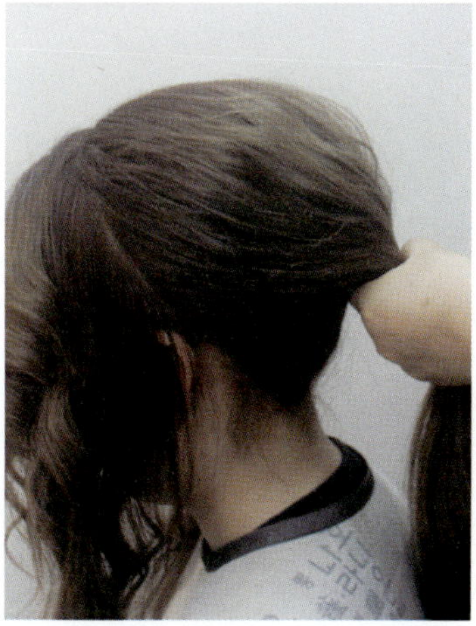

5. 결감을 유지하여 토대를 단단하게 묶어준디.

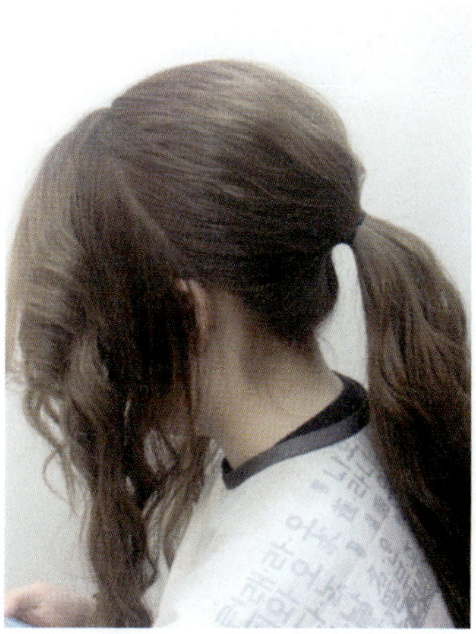

6. 고정시킨 모습

7. 사이드 머리카락을 뒤로 넘겨 잡아준다.

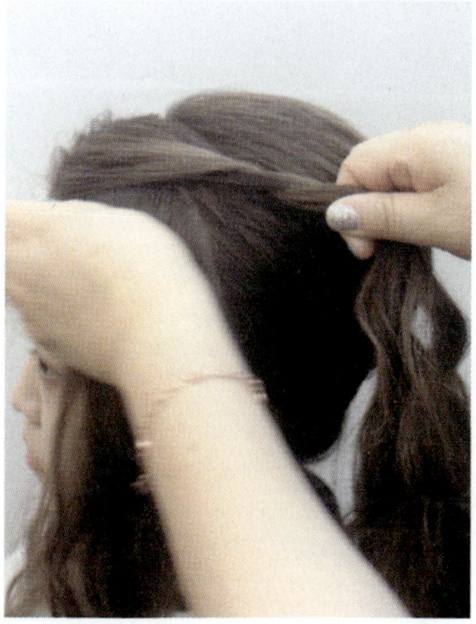

8. 모발을 꼬아준다.

9. 동일하게 시술하며, 그 다음 모발을 조금씩 추가해 꼬아준다.

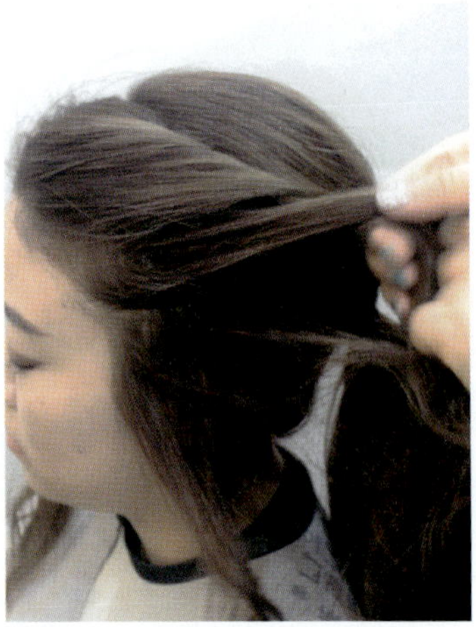

10. 꼬기할 가닥을 잡는다.

11. 꼬기를 시작한다.

12. 모발 끝까지 꼬아준다.

13. 결감을 살려주기 위해 조금씩 꼬아준 모습을 빼준다.

14. 모선으로 가면서 조금씩 빼준다.

15. 모발 끝을 잡고 더 강하게 꼬아 준다.

16. 모발 끝을 토대에 결합시켜준다.

17. 결합시킨 모발의 중간 부분을 잡아 디자인한다.

18. 핀으로 고정시킨다.

19. 꼬기 디테일을 고정한 모습

20. 뒤에서 본 모습이다.

21. 반대편도 동일하게 사이드 머리카락을 나눠 잡아준다.

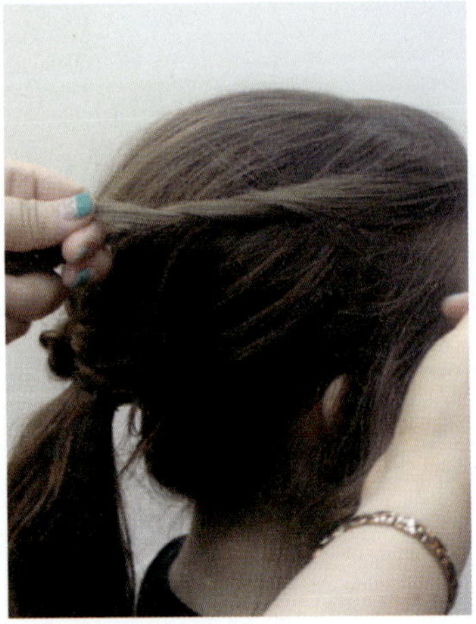

22. 모발을 꼬아준다.

23. 동일하게 시술한다.

24. 동일하게 시술

25. 동일하게 시술

26. 모발 끝까지 꼬아준다.

27. 동일하게 시술

28. 결감을 잡아준다.

29. 모발을 빼준다.

30. 토대에 모발 끝을 결합시켜준다.

31. 결합시킨 모발 중간을 꼬기 디테일을 살려 디자인한다.

32. 견고하게 실핀으로 고정시킨다.

33. 토대 밑 모발 한 가닥을 잡아 꼬아준다.

34. 동일하게 시술한다.

35. 볼륨감을 주기 위해 조금씩 디테일을 빼준다.

36. 모발 끝을 토대에 결합시킨다.

37. 나머지 머리카락도 동일하게 시술한다.

38. 꼬기를 진행한다.

39. 끝까지 꼬기를 한다.

40. 모발의 결감을 정리한다.

41. 정리된 상태이다.

42. 다음 다발 꼬기를 시작한다.

43. 끝까지 꼬기를 한다.

44. 꼬기 후 모발 고정을 한다.

45. 고정된 상태이다.

46. 다음 다발을 꼬기 시작한다.

47. 끝까지 꼬기한다.

48. 꼬기 후 고정된 상태이다.

49. 모발을 중간 부분을 잡아 토대 중간 부분으로 끌어올려 고정한다.

50. 고정된 상태이다.

51. 모발이 흔들리지 않게 견고하게 고정한다.

52. 모양을 만들면서 고정한다.

53. 고정된 상태이다.

54. 반대편 고정된 상태이다.

55. 꼬기가 된 모다발을 토대 주변으로 가져온다.

56. 가져온 모발을 고정시킨다.

57. 고정시키면서 모양을 만든다.

각도에 따른 완성된 모습

58. 완성된 모습

59. 완성된 모습

60. 완성된 모습

61. 액세사리를 이용한 완성된 모습

62. 액세사리를 이용한 완성된 모습

63. 액세사리를 이용한 완성된 모습

④ 꼬기 기법 T.P.O 업스타일 4

1) 사용도구

업스타일 시술 도구(꼬리 빗, 실핀, 유핀, 스프레이. 밴드, 고무줄, 광택제, 핀셋, 매직기, 아이롱기 등)

2) 작품분석

① 작품 설명 : 상위 업스타일로 율동적인 꼬기의 디테일을 살려 귀엽고 러블리하게 디자인한다.

② 시술기법 : 꼬기를 이용한 상위토대로 한다.

③ 시술 팁 : 얼굴형에 따라 토대의 위치를 잘 정한다. 톱 포인트의 토대는 젊고 발랄하고 골덴포인트 토대는 우아하다.

④ 스타일 대상 : 웨딩헤어나 돌산치 스타일, 모든 복장에 잘 어울린다.

⑤ T.P.O : 신부 , 영한 스타일 , 야외촬영 . 데일리스타일

3) 시술순서

1. 강한 웨이브를 형성해준다.

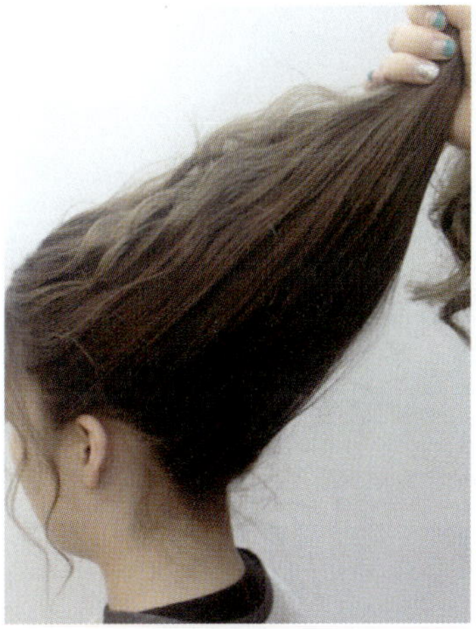

2. 토대를 위로 설정한다.

3. 상위 토대 위치를 잡는다.

4. 고무줄로 토대를 단단히 고정시킨다.

5. 모발을 나눠 꼬아준다.

6. 끝까지 꼬아준다.

7. 볼륨감을 형성하기 위해 모발을 조금씩 빼준다.

8. 시술 중인 모습

9. 모발 끝을 토대에 결합시킨다.

10. 결합시킨 모습이다.

11. 결합시킨 모습이다.

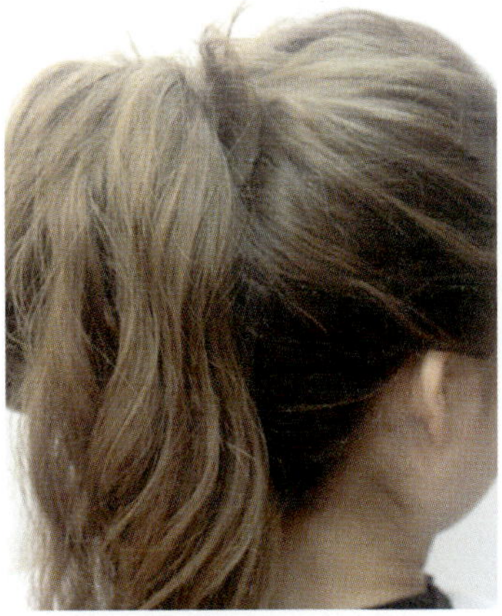

12. 반대편도 동일하게 시술한다.

13. 모발을 꼬아준다.

14. 끝까지 꼬아준다.

15. 모발을 조금씩 빼준다.

16. 모발 끝을 토대에 결합시킨다.

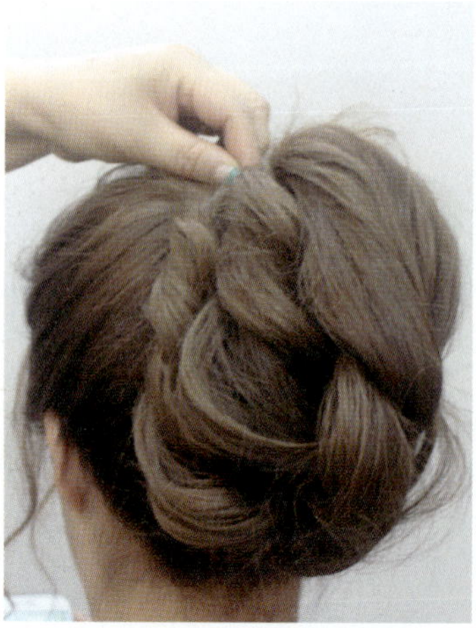

17. 실핀으로 단단하게 고정시킨다.

18. 고정시킨 모습이다.

19. 모발 중간을 잡아 꼬아놓은 디테일을 살려 위로 고정시킨다.

20. 견고하게 고정해준다.

21. 고정하는 모습

22. 반대편도 똑같이 시술한다.

23. 실핀이 보이지 않게 단단하게 고정시킨다.

24. 시술 중 모습이다.

각도에 따른 완성된 모습

25. 완성된 뒷모습

26. 완성된 왼쪽 모습

27. 완성된 오른쪽 모습

28. 완성된 오른쪽 모습

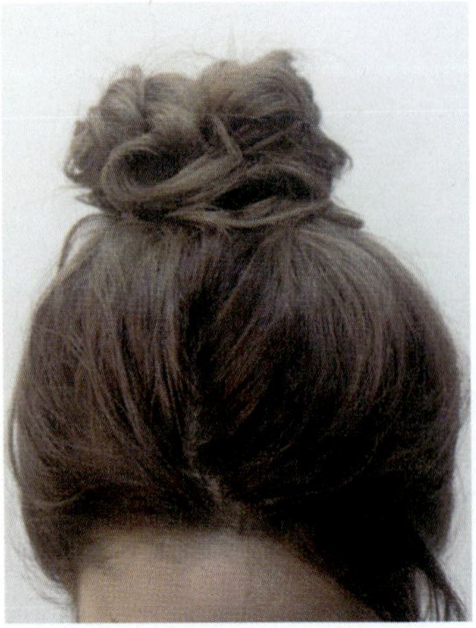

29. 완성된 위에서 본 모습

5 꼬기 기법 T.P.O 업스타일 5

1) 사용도구

업스타일 시술 도구(꼬리 빗, 실핀, 유핀, 스프레이. 밴드, 고무줄, 광택제, 핀셋, 매직기, 아이롱기 등)

2) 작품분석

① 작품 설명 : 하위 업스타일과 상위 업스타일의 중간인 골덴 포인트의 토대로 단아함과 우아함을 표현한 디자인을 연출한다.

② 시술기법 : 꼬기의 면과 볼륨을 살려서 디자인한다.

③ 시술 팁 : 꼬기에 양감을 잘 조절한다.

④ 스타일 대상 : 전 연령 가능

⑤ T.P.O : 모든 장소와 디자인에 가능한 스타일. 우아하지만 젊은 스타일

3) 시술순서

1. 강한 웨이브를 넣어준다.

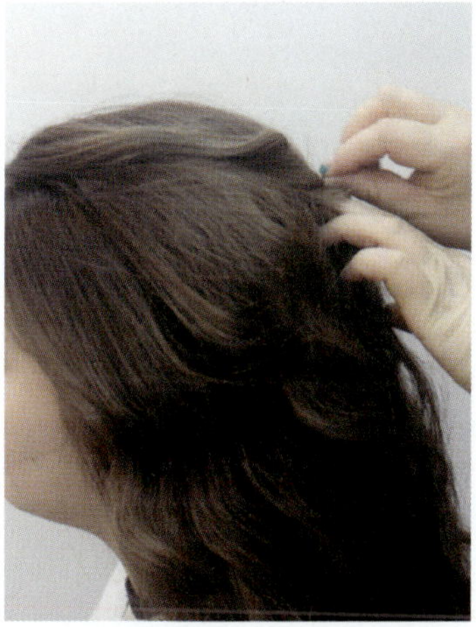

2. 톱 부분부터 시작하여 결감을 잡아 핀으로 고정시킨다.

3. 고정시킨 상태이다.

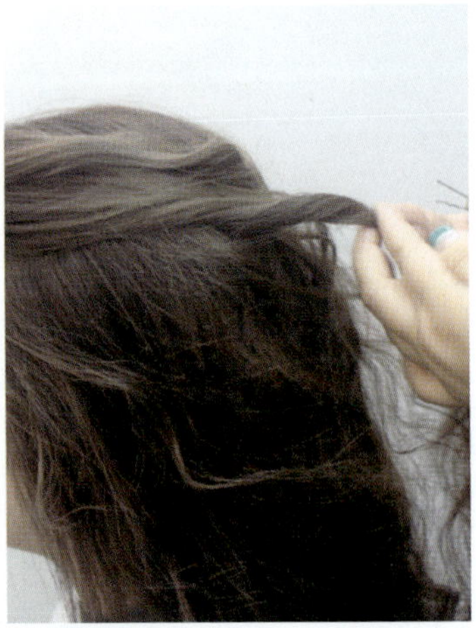

4. 다음 가닥을 꼬기를 한다.

5. 고정시킨 상태이다.

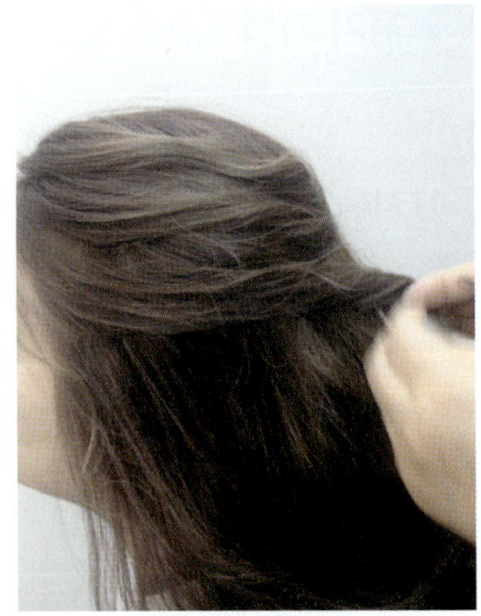

6. 다음 가닥을 꼬기를 한다.

7. 고정시킨 상태이다.

8. 다음 가닥도 꼬기를 한다.

9. 고정시킨 상태이다.

10. 네이프부터는 꼬아가며 모발을 추가해간다.

11. 추가해 가면서 꼬기를 한다.

12. 꼬기를 진행한다.

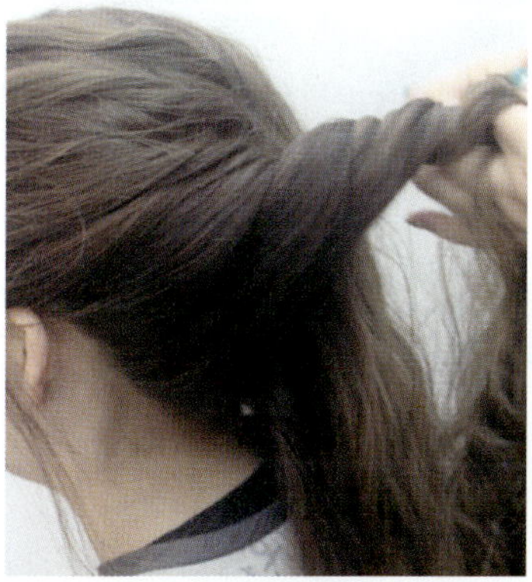

13. 끝까지 꼬기를 진행한다.

14. 꼬기를 진행하는 상태이다.

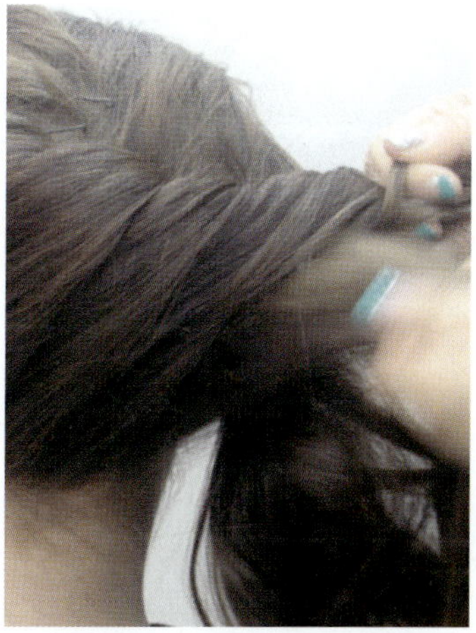

15. 꼬기 정리 정돈 하는 과정이다.

16. 다음 가닥도 가져와서 꼬기를 진행한다.

17. 모양을 만들면서 꼬기를 한다.

18. 위치를 잡아가면서 꼬기를 한다.

19. 사이드 머리카락도 함께 꼬아 준다.

20. 방향을 정하면서 꼬기를 한다.

21. 끝까지 꼬기를 한다.

22. 꼬기를 진행한다.

23. 꼬기한 상태이다.

24. 위로 들어서 한번 더 견고하게 꼬아준다.

25. 톱 부분에 모발을 핀으로 고정한다.

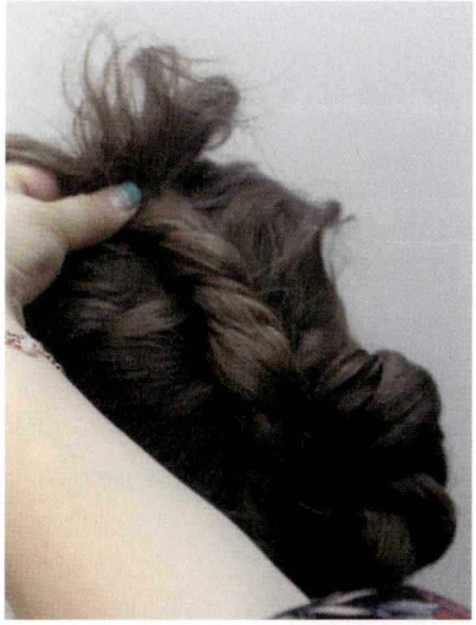

26. 한번 더 고정한다.

27. 고정한 후 모습

각도에 따른 완성된 모습

28. 고정한 후 모습

29. 완성된 뒷모습

30. 완성된 왼쪽 모습

31. 완성된 백사이드 모습

32. 완성된 뒷모습

33. 완성된 오른쪽 모습

34. 완성된 위에서 본 모습

35. 완성된 왼쪽 모습

❻ 꼬기 기법 T.P.O 업스타일 6

1) 사용도구

업스타일 시술 도구(꼬리 빗, 실핀, 유핀, 스프레이. 밴드, 고무줄, 광택제, 핀셋, 매직기, 아이롱기 등)

2) 작품분석

① 작품 설명 : 세미업스타일로 자연스럽고 에스닉한 스타일로 롱 헤어에 적합하다.
② 시술기법 : 유기적 곡선을 잘 표현하기 위해 아이롱으로 균일한 웨이브 형성한다.
③ 시술 팁 : 웨이브 형성을 잘 표현한다, 모발길이와 얼굴형을 조절한다.
④ 스타일 대상 : 스몰웨딩, 연주회, 야외촬영, 파티
⑤ T.P.O : 스몰웨딩 , 연말파티의 화려한 디자인

3) 시술순서

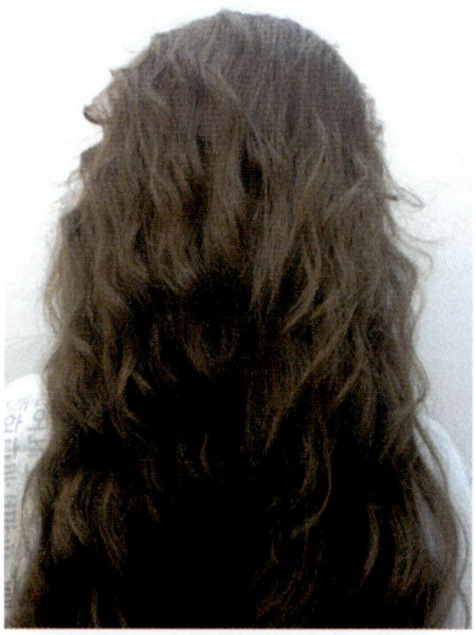

1. 확실한 릿지를 형성한다.

2. 톱 부분을 가른다.

3. 결 정리를 한다.

4. 밴드로 가볍게 묶는다.

5. 묶은 후 모습

6. 사이드 머리를 뒤로 정리한다.

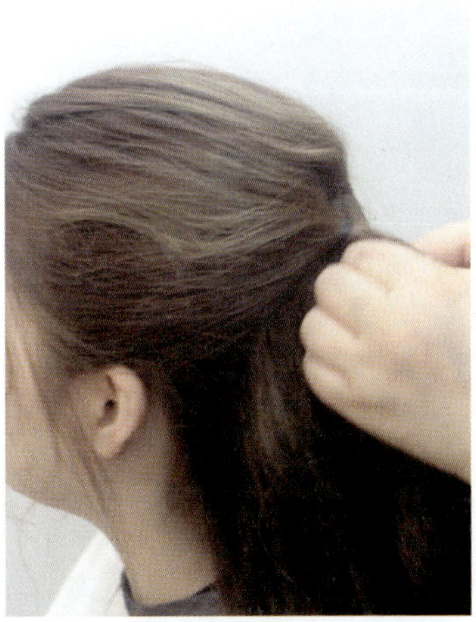

7. 가볍게 밴딩처리한다.

8. 묶은 후 모습

9. 반대편도 동일하게 시술한다.

10. 묶을 모발을 정리한다.

11. 묶은 후 상태이다.

12. 묶은 후 모습

13. 톱 부분 머리를 꼬아준다.

14. 꼬기를 끝까지 진행한다.

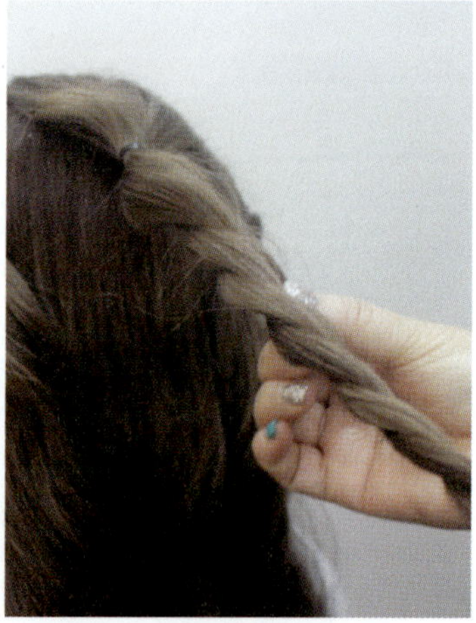

15. 꼬아진 면을 펴서 당긴다.

16. 꼬아진 면을 모선으로 가면서 펴서 당긴다.

17. 모발 끝부터 감아올린다.

18. 꽃모양으로 고정시킨다.

19. 고정시킨 모습

20. 남은 모발도 동일하게 시술한다.

21. 꼬기를 진행한다.

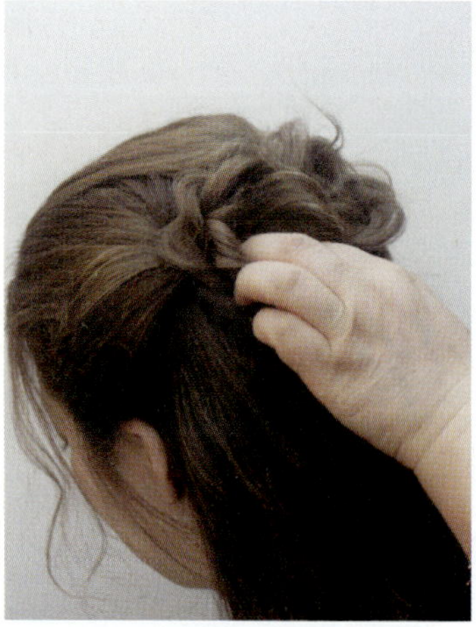

22. 꼬기한 모발을 둥글게 모양을 만든다.

23. 고정시킨다.

24. 다음 작업할 다발을 정돈한다.

25. 꼬기를 한다.

26. 꼬기를 진행한다.

27. 꼬기한 모다발을 둥글게 만든다.

28. 고정시킨 상태이다.

29. 겉단에 아이롱을 사용하여 강한 컬을 형성한다.

30. 동일하게 시술

31. 동일하게 시술

각도에 따른 완성된 모습

32. 완성된 뒷모습

33. 완성된 왼쪽 모습

34. 완성된 오른쪽 모습

35. 완성된 뒷모습

7 꼬기 기법 T.P.O 업스타일 7

1) 사용도구

업스타일 시술 도구(꼬리 빗, 실핀, 유핀, 스프레이. 밴드, 고무줄, 광택제, 핀셋, 매직기, 아이롱기 등)

2) 작품분석

① 작품 설명 : 올드(old)하지 않게 귀엽고 자연스러운 디자인을 연출한다.
② 시술기법 : 웨이브의 질감을 그대로 살려 단단한 결합으로 단아함과 귀여움을 살린다.
③ 시술 팁 : 강한 웨이브의 형성으로 짧은 머리 긴 머리 모두 가능한 스타일이다.
④ 스타일 대상 : 가족결혼식의 한복 업스타일로 20~40대까지 가능
⑤ T.P.O : 행사의 한복 업스타일, 트렌디 디자인

3) 시술순서

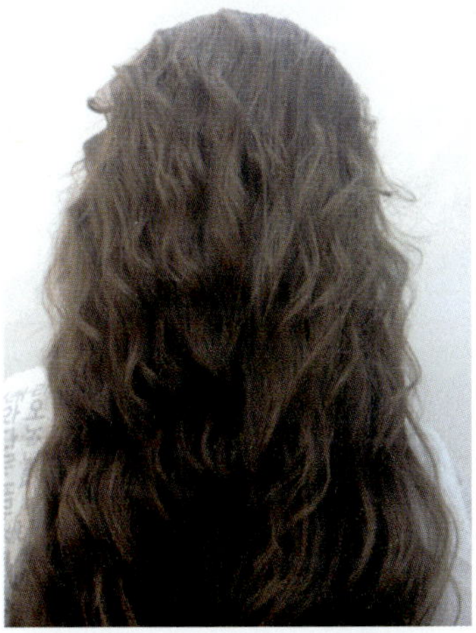

1. 확실한 릿지를 형성한다.

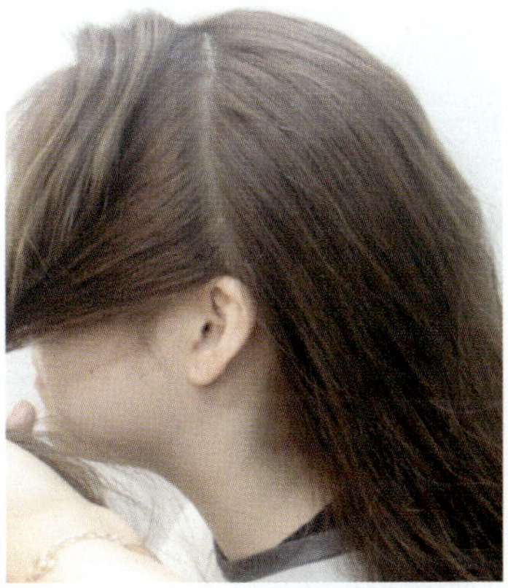

2. 이어 투 이어 섹션으로 나눠준다.

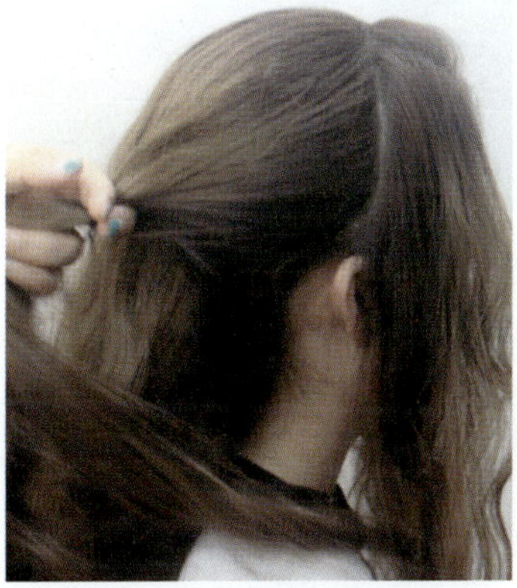

3. 토대를 만들기 위해 모발을 잡는다.

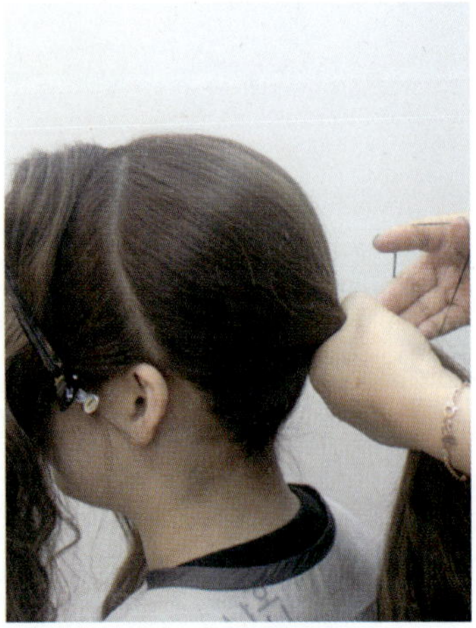

4. 백포인트에 토대를 형성한다.

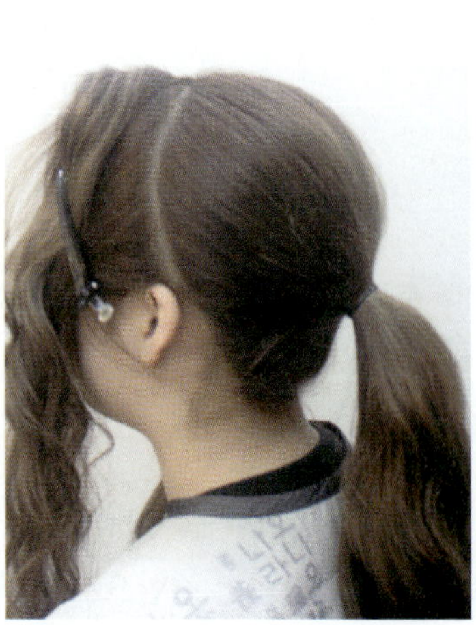

5. 고정된 모습

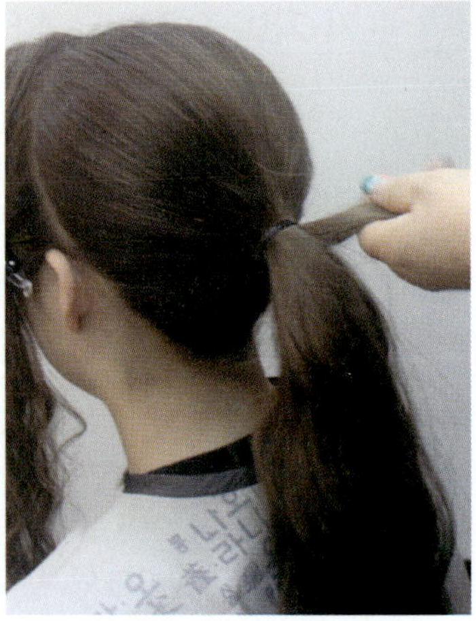

6. 모발을 나누어 잡는다.

7. 모발을 꼬아준다.

8. 동일하게 시술

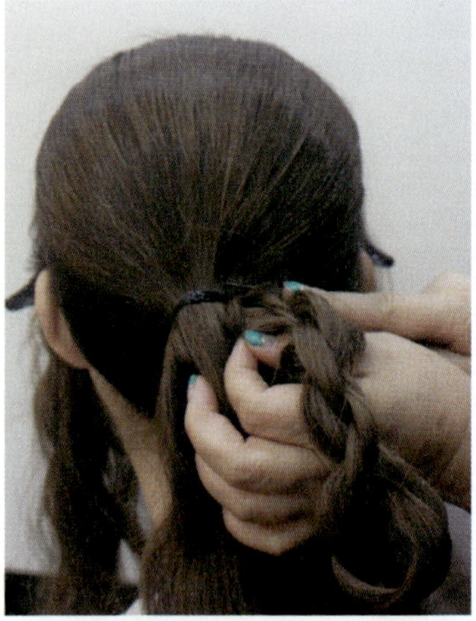

9. 꼬아놓은 모발 끝을 토대에 결합시킨다.

10. 고정된 모습

11. 꼬아 놓은 디테일을 살려 디자인한다.

12. 고정시킨 모습

13. 한번 더 고정한다.

14. 다른 모발도 꼬기를 시작한다.

15. 꼬아진 상태이다.

16. 꼬아진 모발로 모양을 만든다.

17. 남은 부분도 단단하게 고정한다.

18. 고정시킨 모습

19. 모발을 반으로 나눠준다.

20. 꼬기를 시작한다.

21. 나눈 모발을 꼬아준다.

22. 꼬아진 상태이다.

23. 모발 끝을 잡아준다.

24. 토대에 모발 끝을 결합시킨다.

25. 모선을 정리하여 고정시킨다.

26. 고정시킨 모습

27. 반대편도 동일하게 시술한다.

28. 꼬아진 모발을 고정시킨다.

29. 고정시킨 상태이다.

30. 나머지 모발도 고정시킨다.

31. 모양을 잡아 고정시킨다.

32. 고정시킨 상태이다.

33. 뒤에서 본 상태이다.

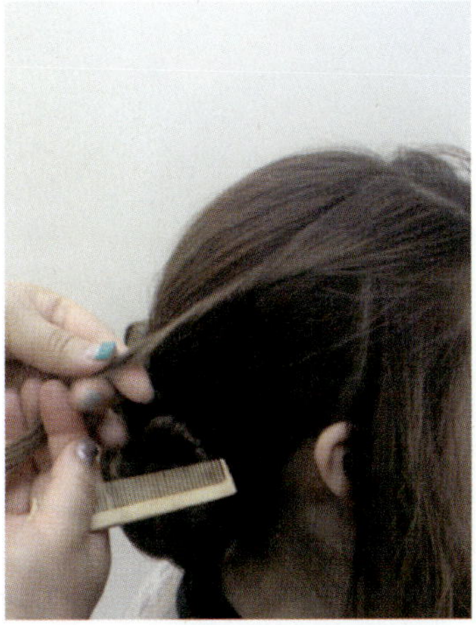

34. 사이드 머리를 두 갈래로 나눠 준다

35. 나눈 모발을 꼬아 토대 쪽으로 고정시킨다.

36. 나머지도 동일하게 시술한다.

37. 고정시킨 모습

38. 고정시키고 남은 모발을 모아 꼬아준다.

39. 모발 끝을 먼저 토대에 결합시킨다.

40. 결합시킨 모습

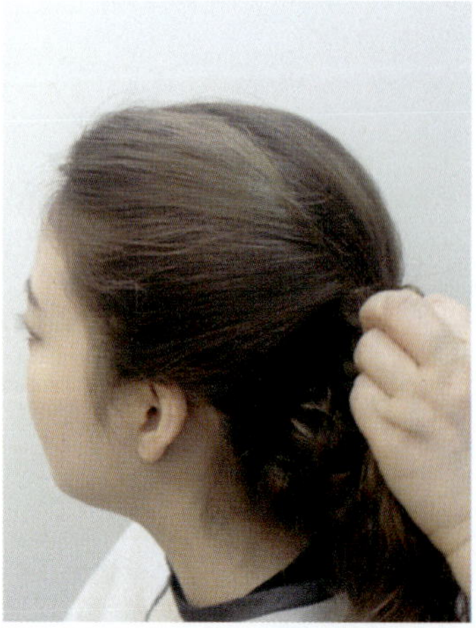

41. 반대편 사이드는 모발을 넓게 펴서 결을 정리하여 꼬아준다.

42. 토대 쪽으로 고정한다.

43. 고정시킨 상태이다.

44. 남은 모발도 꼬아준다.

45. 모발 끝까지 꼬기를 한다.

46. 모발 끝을 토대에 결합시킨다.

47. 모발 중간을 꼬아 디테일하게 만들어 디자인한다.

48. 고정시킨 상태이다.

각도에 따른 완성된 모습

49. 완성된 뒷모습

50. 완성된 오른쪽 모습

51. 완성된 오른쪽 모습

52. 액세서리를 이용한 완성된 모습

53. 액세서리를 이용한 완성된 모습

⑧ 꼬기 기법 T.P.O 업스타일 8

1) 사용도구

업스타일 시술 도구(꼬리 빗, 실핀, 유핀, 스프레이. 밴드, 고무줄, 광택제, 핀셋, 매직기, 아이롱기 등)

2) 작품분석

① 작품 설명 : 꼬기에 양감을 크게 하여 우아함과 엘레강스한 디자인을 연출한다.
② 시술기법 : 꼬기를 이용한 하위토대로 한다.
③ 시술 팁 : 꼬기의 양감을 크게 한다. 토대의 위치를 정확히 잡는다.
④ 스타일 대상 : 혼주 업스타일, 전통의상과 조화를 이루는 디자인, 액세서리 기법으로 웨딩 스타일로도 가능
⑤ T.P.O : 한복디자인과 액세서리의 조화를 이루는 디자인

3) 시술순서

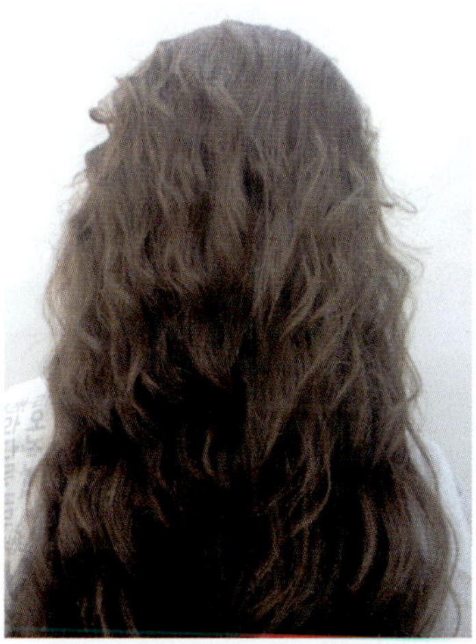

1. 확실하게 릿지를 형성한다.

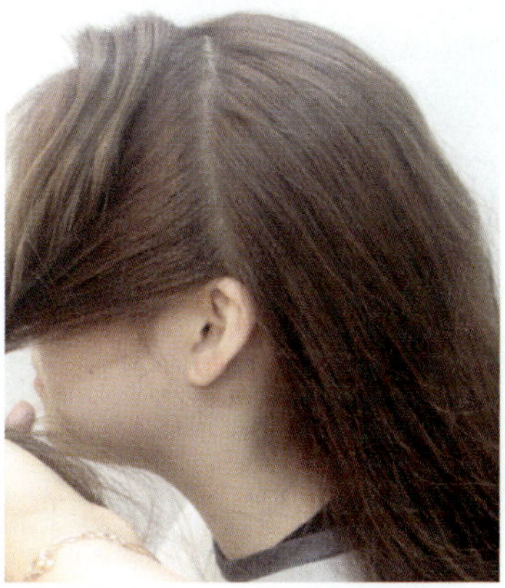

2. 이어 투 이어 섹션으로 나눠준다.

3. 백포인트에 토대를 설정한다.

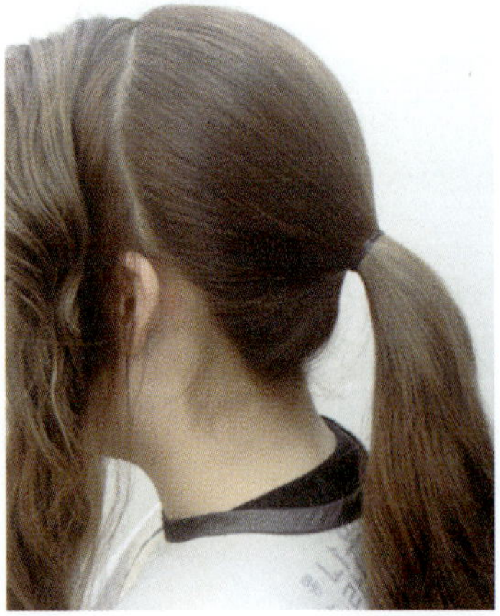

4. 토대를 단단하게 고무줄로 묶어 준다.

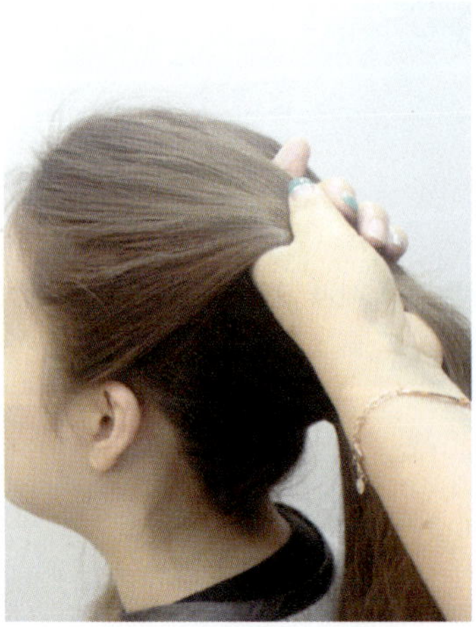

5. 사이드머리를 넓게 펴준다.

6. 머리를 꼬아준다.

7. 끝까지 꼬아준다.

8. 꼰 머리를 토대 위에 결합시킨다.

9. 결합 후 고정시킨 상태이다.

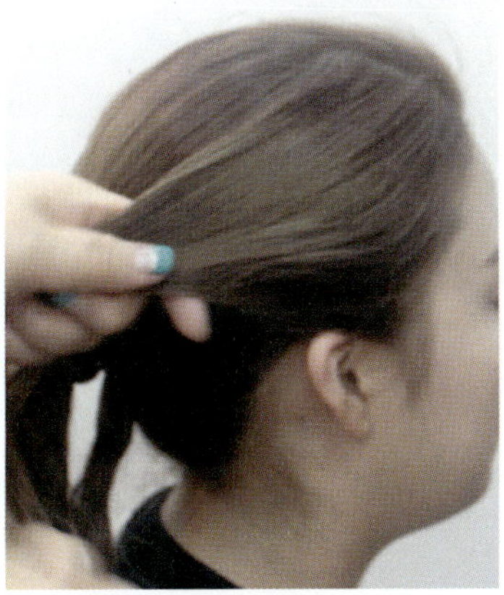

10. 반대편도 동일하게 시술한다.

11. 꼬기를 시작한다.

12. 꼬은 모발을 토대로 가져와 감아서 고정시킨다.

13. 모발 끝을 고정시킨다.

14. 모발을 꼬기 시작한다.

15. 꼬인 상태이다.

16. 꼬인 모발을 고정한다.

17. 모발을 두 갈래로 나눈다.

18. 나눈 머리를 꼬아준다.

19. 꼰 머리를 토대에 결합시켜 고정한다.

20. 반대편도 동일하게 시술한다.

21. 꼬인 상태이다.

22. 고정시킨 모습

23. 모발을 한번 더 꼬아 토대 밑으로 고정시킨다.

24. 반대편도 동일하게 시술한다.

25. 모양을 보고 고정시킨다.

각도에 따른 완성된 모습

26. 완성된 모습

27. 완성된 모습

28. 완성된 오른쪽 모습

29. 완성된 오른쪽 모습

30. 완성된 왼쪽 모습

31. 액세서리를 이용한 완성된 모습

32. 액세서리를 이용한 완성된 오른쪽 모습

33. 액세서리를 이용한 완성된 왼쪽 모습

34. 액세서리를 이용한 완성된 왼쪽 모습

⑨ 꼬기 기법 T.P.O 업스타일 9

1) 사용도구

업스타일 시술 도구(꼬리 빗, 실핀, 유핀, 스프레이. 밴드, 고무줄, 광택제, 핀셋, 매직기, 아이롱기 등)

2) 작품분석

① 작품 설명 : 하위토대 스타일로 꼬기의 양감을 조절하여 토대의 중심을 잡아 단아함을 살려주고 디테일을 줄인 심플한 스타일로 모든 스타일에 조화롭게 디자인 가능하다.

② 시술기법 : 꼬기를 이용한 하위토대로 한다.

③ 시술 팁 : 꼬기의 양감을 조절하고 토대의 중심을 잘 잡는다.

④ 스타일 대상: 웨딩, 폐백

⑤ T.P.O : 폐백 등 단아한 한복 스타일

3) 시술순서

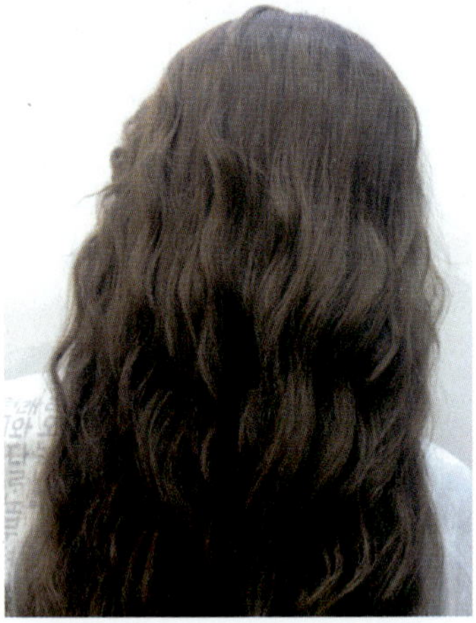

1. 확실한 릿지를 형성한다.

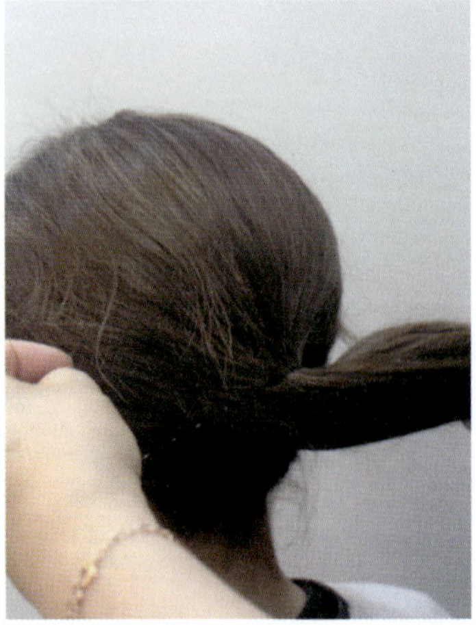

2. 백포인트 부분에 토대를 설정한다.

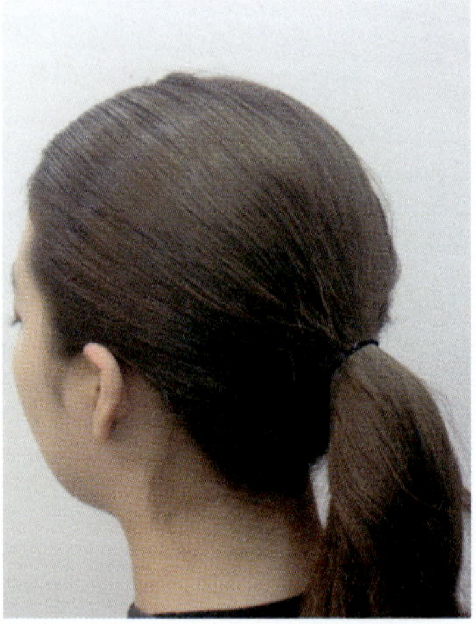

3. 고무줄로 단단하게 밴딩한다.

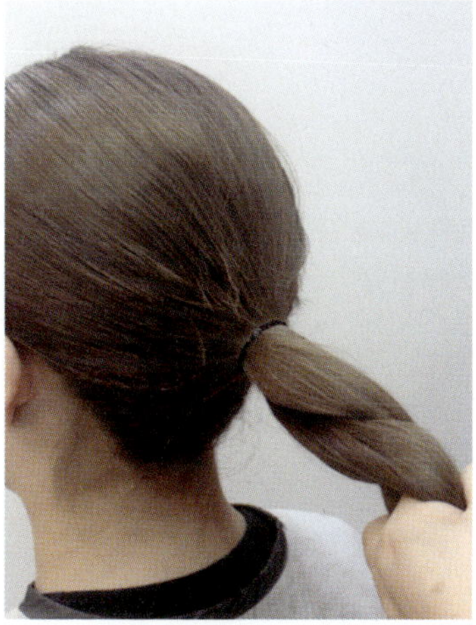

4. 모발을 두 갈래로 나눠 꼬아준다.

5. 끝까지 꼬아준다.

6. 꼰 머리를 토대를 중심으로 둥글게 감아준다.

7. 끝 부분이 보이지 않게 잘 감아 핀으로 고정한다.

8. 모발 끝을 고정시킨다.

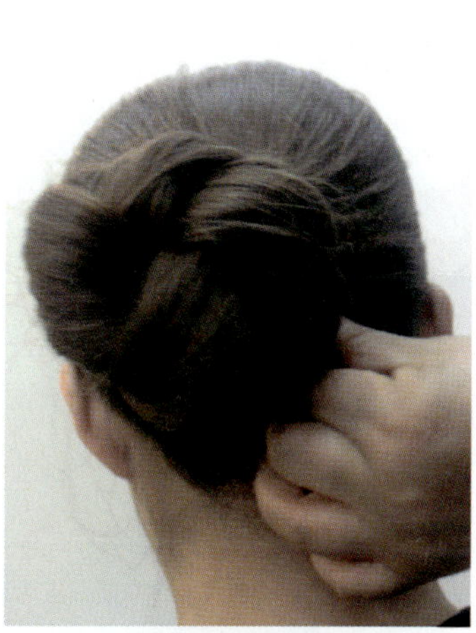

9. 단단히 고정시킨다.

10. 모양을 잡으면서 고정시킨다.

각도에 따른 완성된 모습

11. 완성된 모습

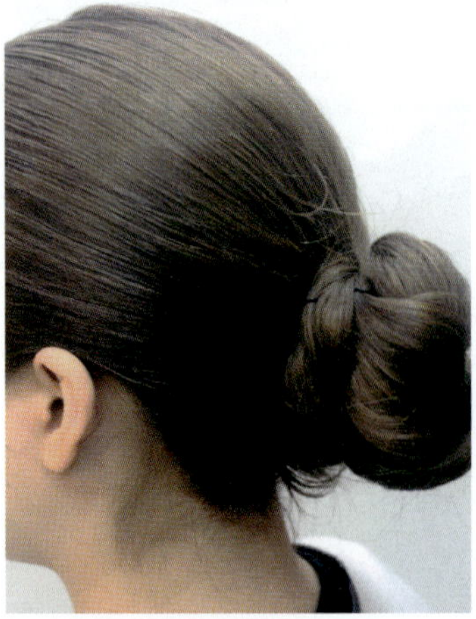

12. 완성된 왼쪽 모습

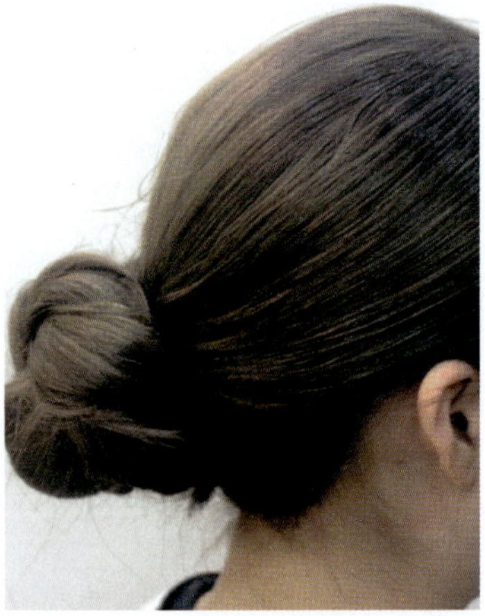

13. 완성된 오른쪽 모습

14. 완성된 오른쪽 모습

15. 액세서리를 이용한 완성된 오른쪽 모습

16. 액세서리를 이용한 완성된 오른쪽 모습

17. 액세서리를 이용한 완성된 뒷모습

18. 액세서리를 이용한 완성된 오른쪽 모습2

19. 액세서리를 이용한 완성된 뒷모습2

⑩ 꼬기 기법 T.P.O 업스타일 10

1) 사용도구

업스타일 시술 도구(꼬리 빗, 실핀, 유핀, 스프레이. 밴드, 고무줄, 광택제, 핀셋, 매직기, 아이롱기 등)

2) 작품분석

① 작품 설명 : 상위토대 스타일로 꼬기의 양감을 조절하여 토대의 중심을 잡아 단아함을 살려주고 디테일을 줄인 심플한 스타일로 모든 스타일에 조화롭게 디자인 가능하다.

② 시술기법 : 꼬기를 이용한 상위토대로 한다.

③ 시술 팁 : 머리 길이에 따라 파팅을 분할하여 짧은 머리도 가능하다.

④ 스타일 대상 : 웨딩, 액세서리 디자인 변화로 웨딩과 한복이 가능한 스타일 전 연령 가능하다.

⑤ T.P.O : 화려한 액세서리로 야외결혼식, 퓨전한복 스타일에 어울리는 스타일

3) 시술순서

1. 확실한 릿지를 형성한다.

2. 이어 투 이어 섹션으로 나눈 후 골덴 포인트를 기준으로 반으로 나눠준다.

3. 나눈 모발을 위로 꼬아준다.

4. 꼬은 모발을 고정시킨다.

5. 백포인트 부분 모발을 잡아 결 정리를 한다.

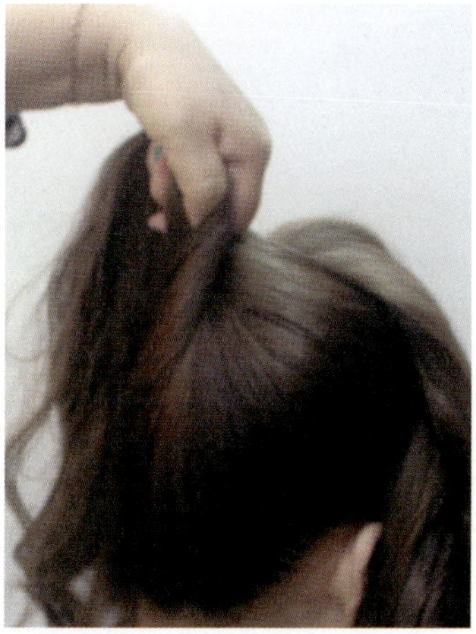

6. 위로 올려 모발을 꼬아준다.

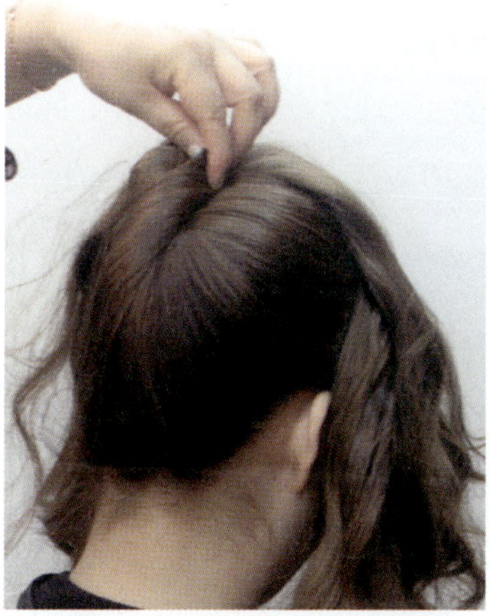

7. 꼬은 모발을 단단하게 고정시킨다.

8. 고정시킨 상태이다.

9. 두 모발을 꼬아 하나로 모아준다.

10. 꼬아간다.

11. 꼬아진 상태이다.

12. 토대를 중심으로 꼬은 모발을 둥글게 말아준다.

13. 고정시키기 위해 모양을 만든다.

14. 고정시킨다.

15. 고정시킨 상태이다.

16. 모발 끝을 실핀을 사용하여 깔끔하게 정리해준다

17. 사이드 머리를 두 갈래로 나눠준다.

18. 나눈 머리를 꼬아준다.

19. 꼬아가기 시작한다.

20. 다음 모발도 가져와 같이 꼬아간다.

21. 모발 끝까지 꼬아 간다.

22. 꼬아진 상태이다.

23. 모발 끝을 토대에 고정 시킨다.

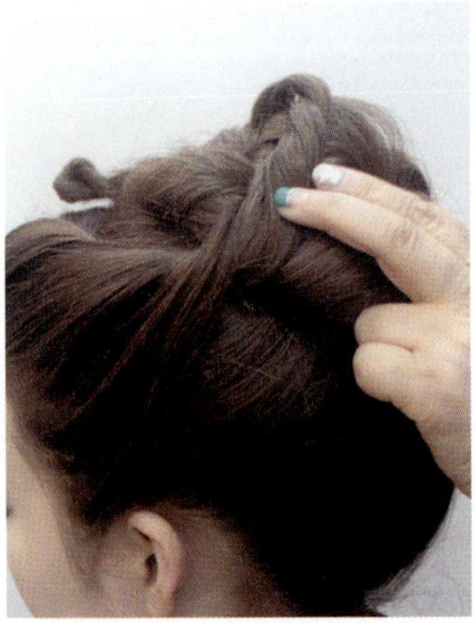

24. 모발이 뜨지 않게 단단하게 고정한다.

25. 고정시킨 상태이다.

26. 고정시킨 상태이다.

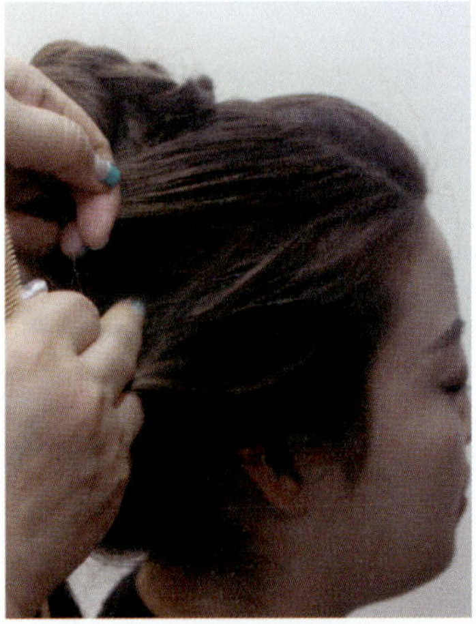

27. 반대편도 동일하게 시술한다.

28. 꼬아가기 시작한다.

29. 꼬아진 상태이다.

30. 고정할 위치를 잡는다.

31. 모발 끝을 토대에 결합시킨다.

32. 남은 모발을 꼬아 디테일을 살려 디자인한다.

33. 고정한 상태이다.

각도에 따른 완성된 모습

34. 완성된 뒷모습

35. 완성된 왼쪽 모습

36. 완성된 오른쪽 모습

37. 완성된 위에서 본 모습

38. 액세서리를 이용한 모습

39. 액세서리를 이용한 모습

40. 액세서리를 이용한 모습

41. 액세서리를 이용한 모습

42. 액세서리를 이용한 모습

UP STYLE

제7장

말기 업스타일

❶ 말기 기법 업스타일 1

1) 사용도구

업스타일 시술 도구(꼬리 빗, 실핀, 유핀, 스프레이. 밴드, 고무줄, 광택제, 핀셋, 매직기, 아이롱기 등)

2) 작품분석

① 작품 설명 : 토대가 하위로 한 디자인으로 단아함을 강조한 업스타일로 젊은 층의 웨딩업스타일로 적합한 디자인을 연출한다.

② 시술기법 : 말기 면의 매끈함을 강조하여 양감을 조절해 포인트의 크기를 조절한다.

③ 시술 팁 : 하위토대의 중심을 잡고 말기기법에 면을 매끈하게 표현한다.

④ 스타일 대상 : 20대 신부, 스몰웨딩

⑤ T.P.O : 스몰웨딩에 신부의 화려함보다 단아함을 표현할 수 있는 디자인

3) 시술순서

1. 모발 끝 쪽으로 릿지가 확실하게 형성되게 웨이브를 형성한다.

2. 시술 전 옆모습이다.

3. 이어 투 이어 섹션을 나눈다.

4. 골덴포인트를 기준으로 반으로 나눈다.

5. 전체적으로 백콤을 넣어준다.

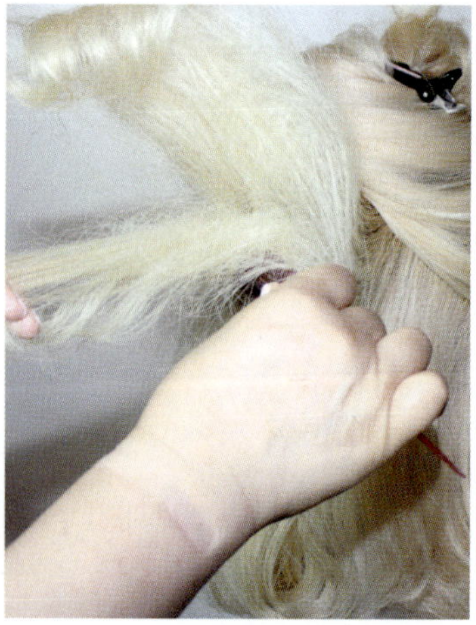

6. 시술 과정 모습이다.

7. 백콤밍을 한다.

8. 백코밍한 상태이다.

9. 스프레이를 뿌려 고정을 해준다.

10. 결을 정리해준다.

11. 백포인트로 토대를 설정한다.

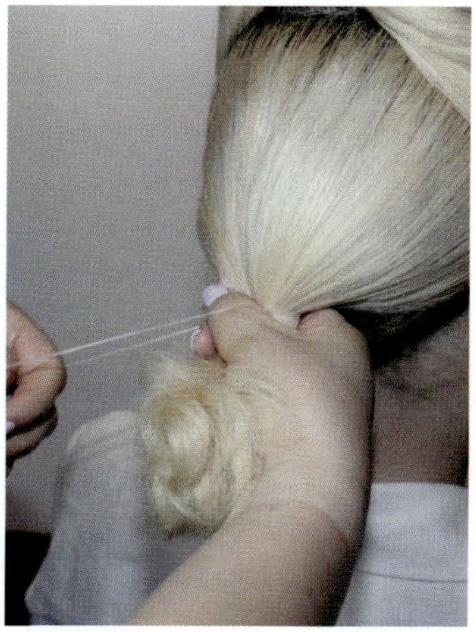

12. 토대를 단단하게 밴딩해준다.

13. 고정시킨 모습이다.

14. 톱부분 모발을 결정리한다.

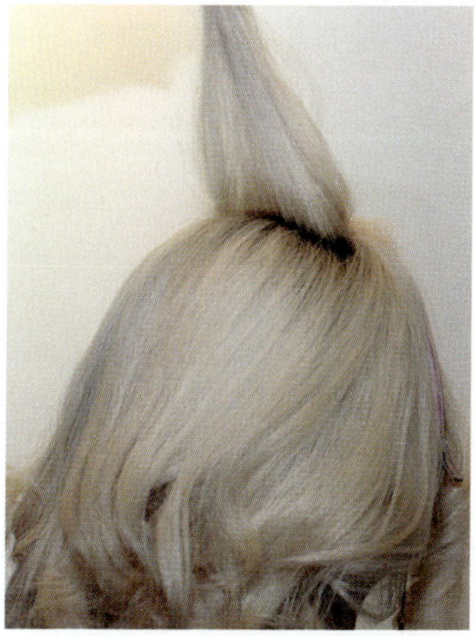

15. 톱부터 아래로 백콤을 넣어준다.

16. 백코밍을 한다.

17. 옆 모발도 연결하여 백코밍 한다.

18. 묶어 놓은 토대 위에 밴딩으로 단단히 묶어준다.

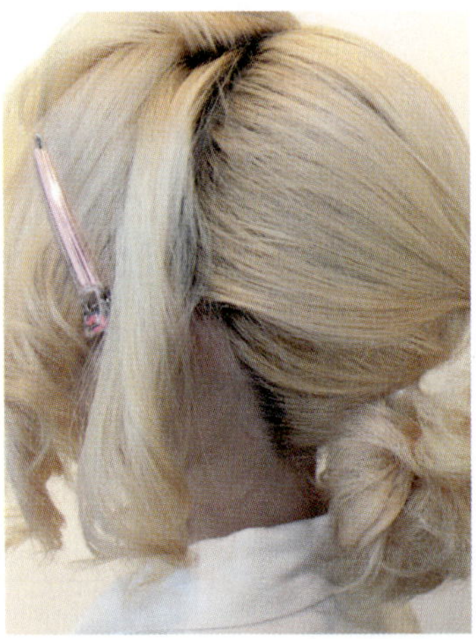

19. 남은 모발을 결감을 살려 디자인한다.

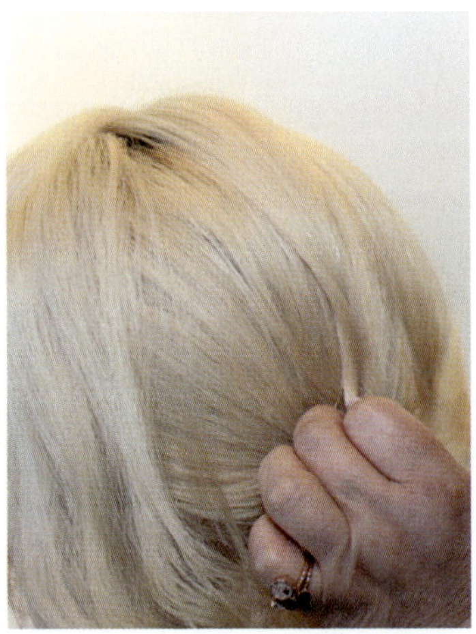

20. 모발을 고정할 위치를 정한다.

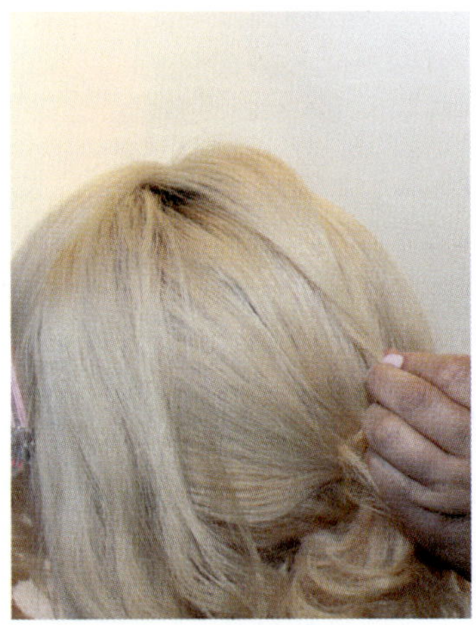

21. 스프레이를 뿌려 고정하며 디자인한다.

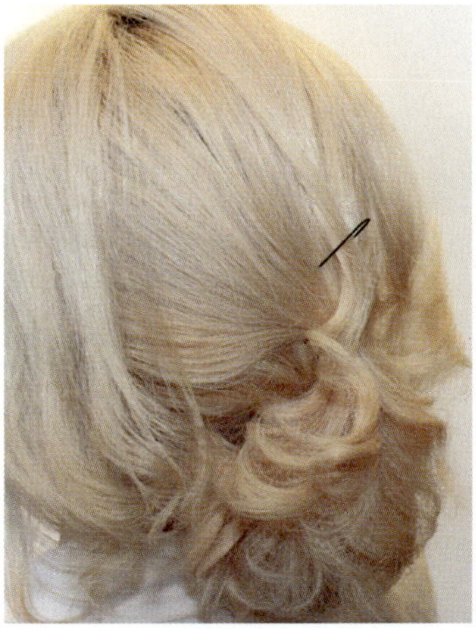

22. 고정된 상태이다.

23. 다음 모발을 고정할 위치를 정한다.

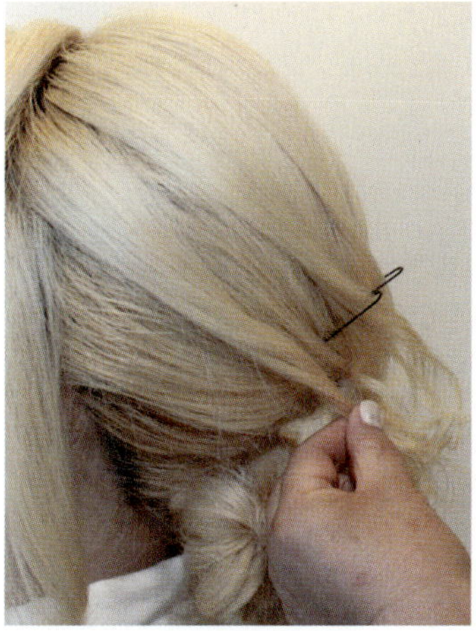

24. U핀을 사용하여 텍스쳐가 보이게 한다.

25. 고정시킨 상태이다.

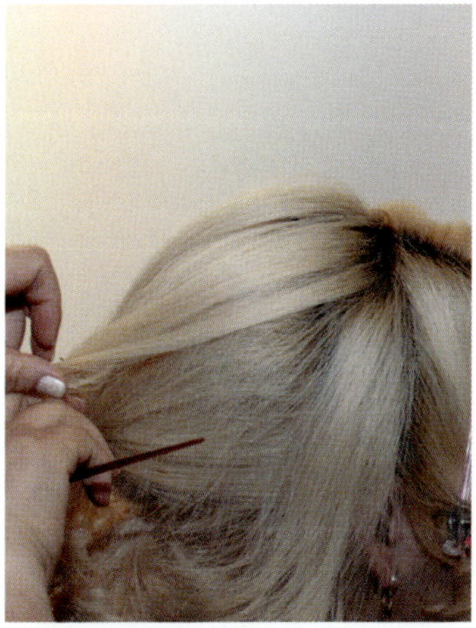

26. 반대편 모발도 나뉜다.

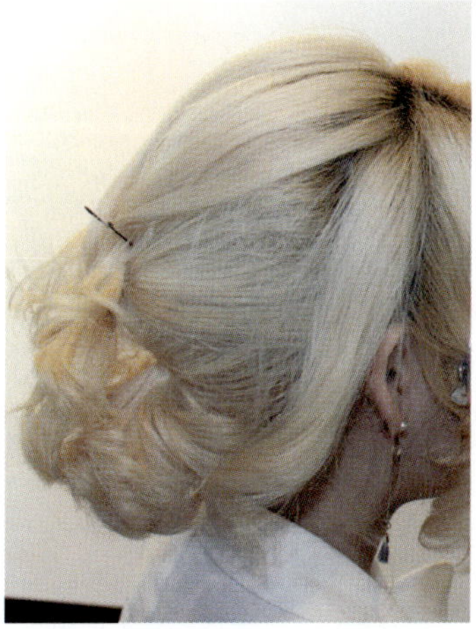

27. 고정시킨 상태이다.

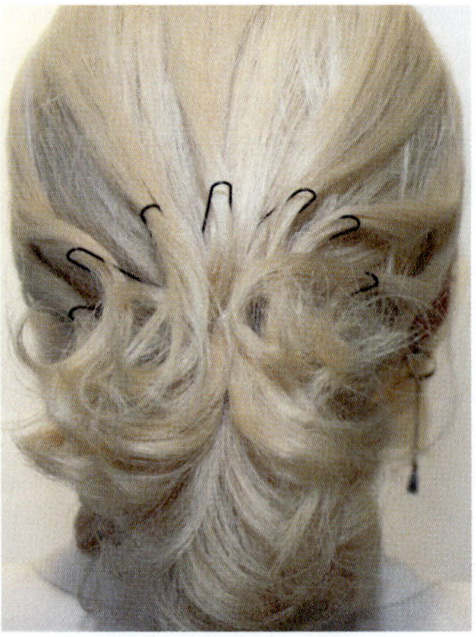

28. U핀으로 고정한 모습

29. 모발을 한 곳으로 모아 핀으로 고정한다.

30. 고정시킨 모습이다.

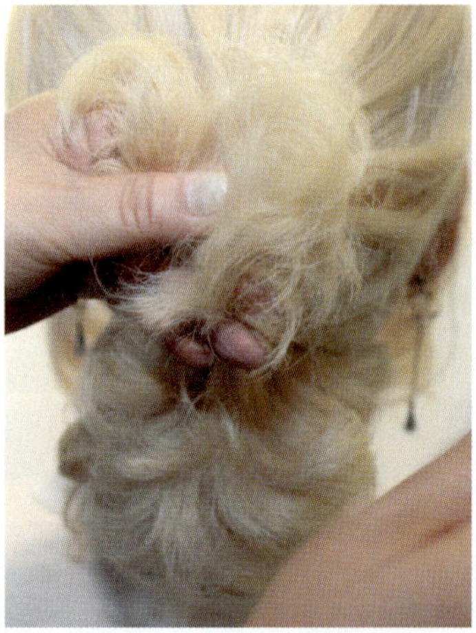

31. 모발을 빗어 결 정리를 해준다.

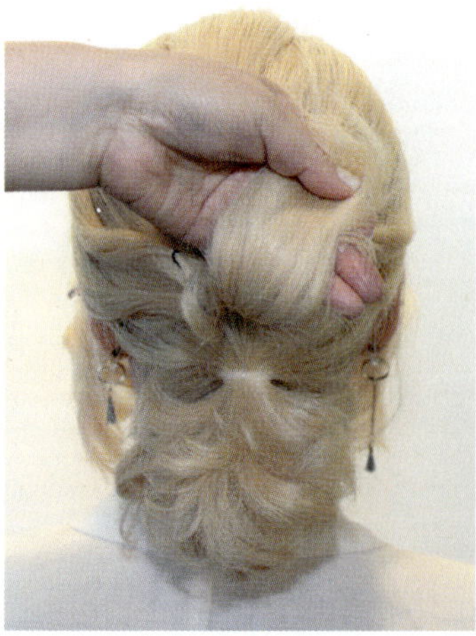

32. 정리한 모발을 말기기법을 사용하여 디자인한다.

33. 말기로 고정할 위치를 잡는다.

34. 위치를 잡아 고정시킨다.

35. 고정한 상태이다.

36. 나머지도 동일하게 시술한다.

37. 위치를 잡아 고정시킨다.

38. 면을 매끈하게 빗질하여 고정시킨다.

39. 다음 모발도 고정할 위치를 정한다.

40. 고정시킨다.

41. 완성된 뒷모습

42. 사이드 머리를 결정리한다.

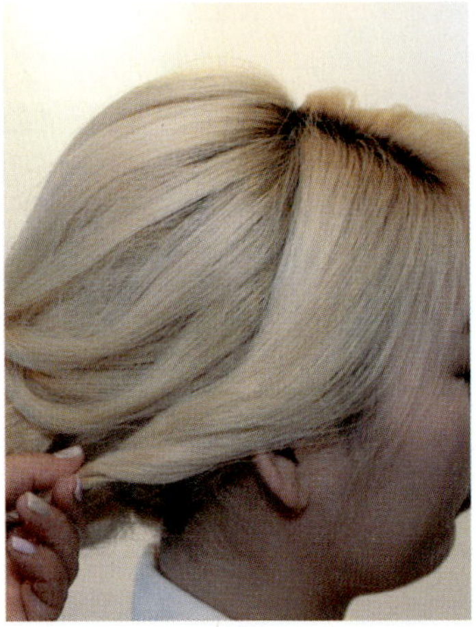

43. 흐르는 모양을 그대로 가져와 핀으로 고정한다.

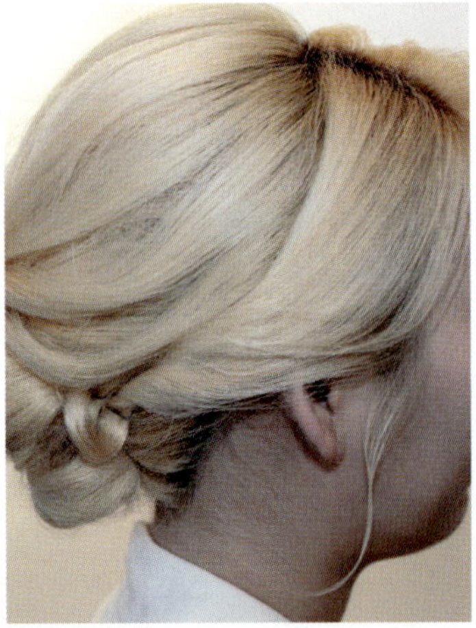

44. 고정시킨 모습

45. 반대편 모발도 고정시킬 위치를 잡는다.

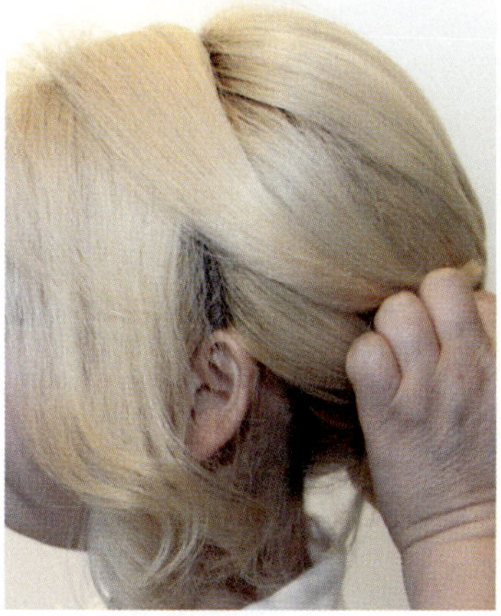

46. 위치를 잡은 모습이다.

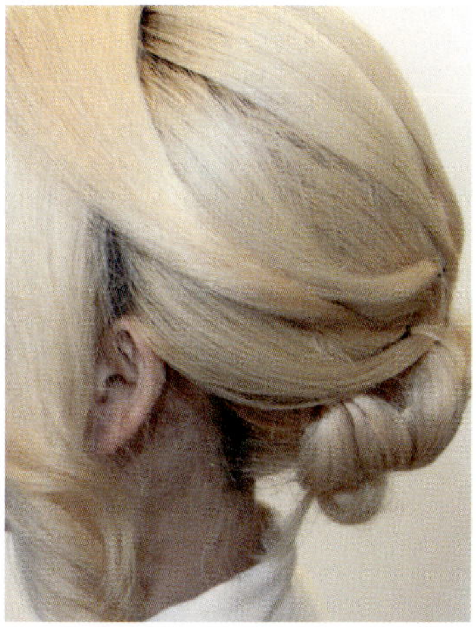

47. 고정시킨 상태이다.

48. 다음 모발도 고정할 위치를 잡는다.

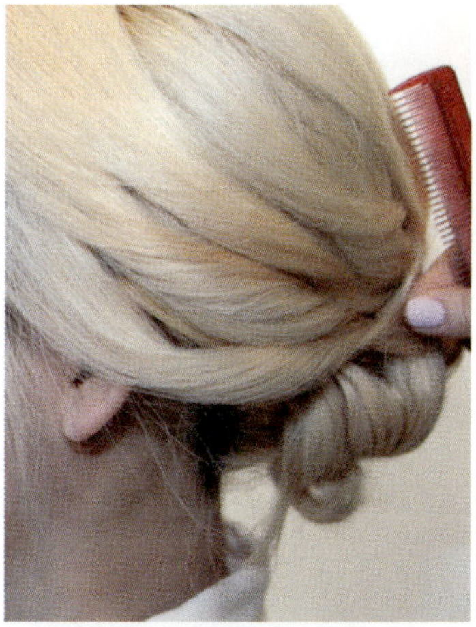

49. 가닥가닥의 결의 감이 보이게 시술한다.

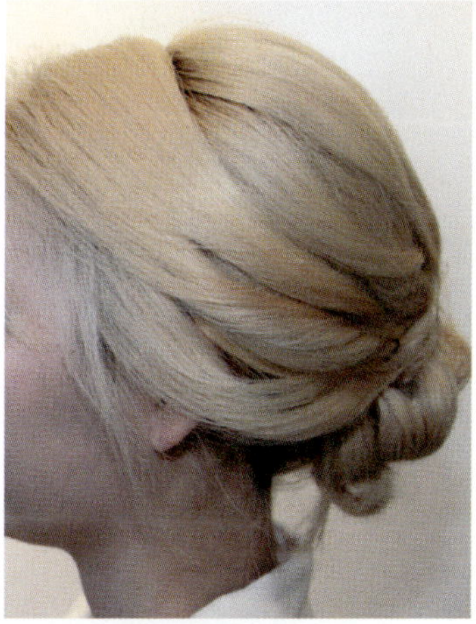

50. 고정시킨 상태이다.

51. 페이스라인에 컬감을 형성해 자연스럽게 넘어가는 느낌을 만들어준다.

52. 잔머리를 정리한다.

각도에 따른 완성된 모습

53. 완성된 왼쪽 모습

54. 완성된 뒷모습

55. 완성된 오른쪽 모습

56. 완성된 앞모습

57. 액세서리를 사용한 완성된 모습 1

58. 액세서리를 이용한 완성된 모습 2

59. 액세서리를 이용한 완성된 모습 3

60. 액세서리를 이용한 완성된 옆모습

61. 액세서리를 이용한 완성된 옆모습 2

❷ 말기 기법 업스타일 2

1) 사용도구

업스타일 시술 도구(꼬리 빗, 실핀, 유핀, 스프레이. 밴드, 고무줄, 광택제, 핀셋, 매직기, 아이롱기 등)

2) 작품분석

① 작품 설명 : 롤의 형태를 유지하고 볼륨감을 살려 단순하지만 고급스럽고 트렌디한 스타일로 연출한다. 헤어컬러에 따라 이미지 연출이 가능하다.

② 시술기법 : 말기의 양감을 조절하고 매끈한 빗질로 면의 질감을 살린다.

③ 시술 팁 : 연령에 따른 토대의 위치가 적절해야 한다.

④ 스타일 대상 : 20대 이상 모든 연령에 가능하고 얼굴형을 고려해야 한다.

⑤ T.P.O : 본식 드레스 , 식전촬영, 스몰웨딩, 퓨전한복

3) 시술순서

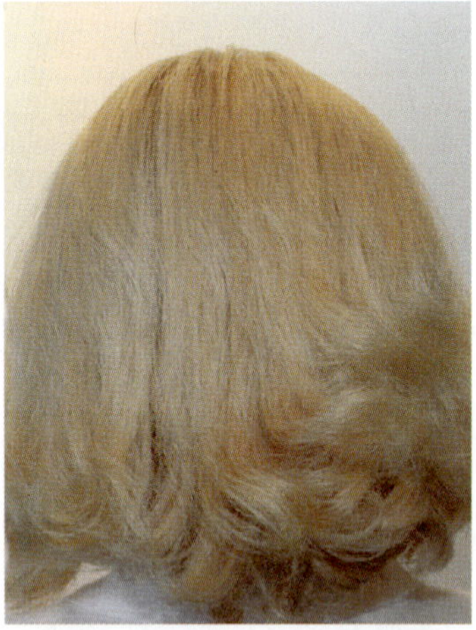

1. 모발 끝 쪽에 웨이브를 형성해준다.

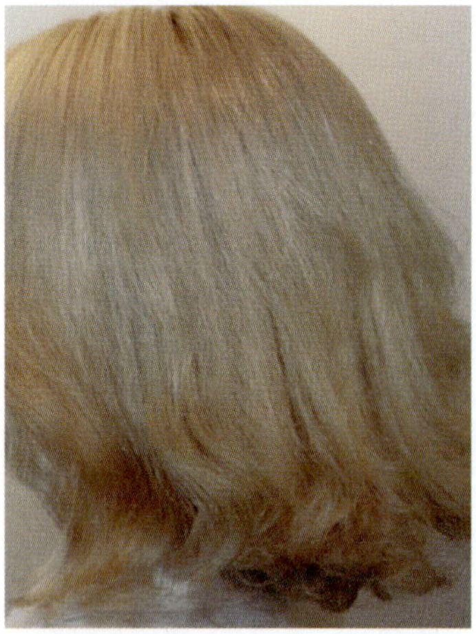

2. 모발 끝 쪽 웨이브 형성 상태이다.

3. 이어 투 이어 섹션으로 나눈다.

4. 백포인트 쪽에 토대를 설정한다.

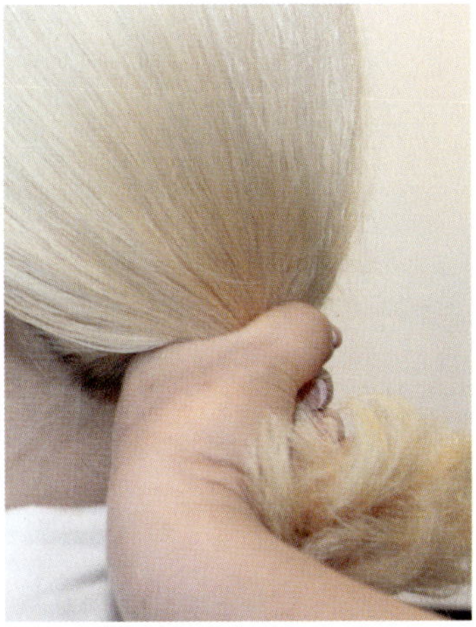

5. 토대를 잡아 묶어준다.

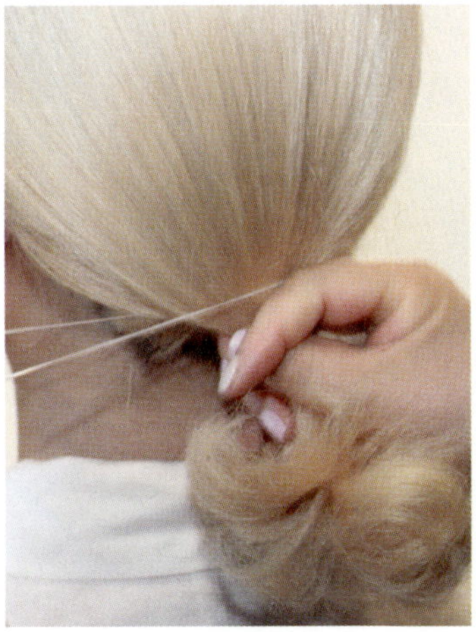

6. 단단하게 밴딩한다.

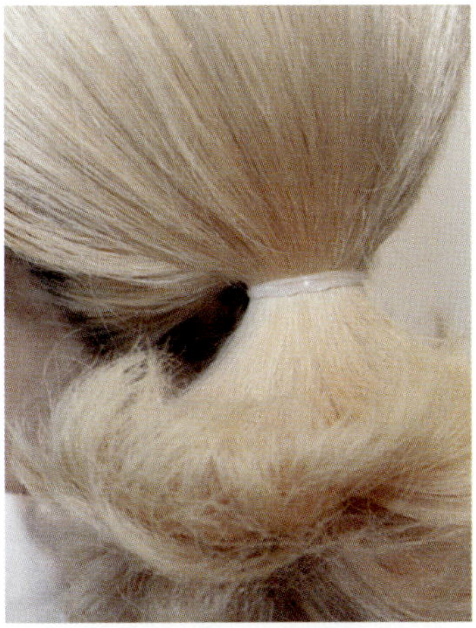

7. 고정된 모습이다.

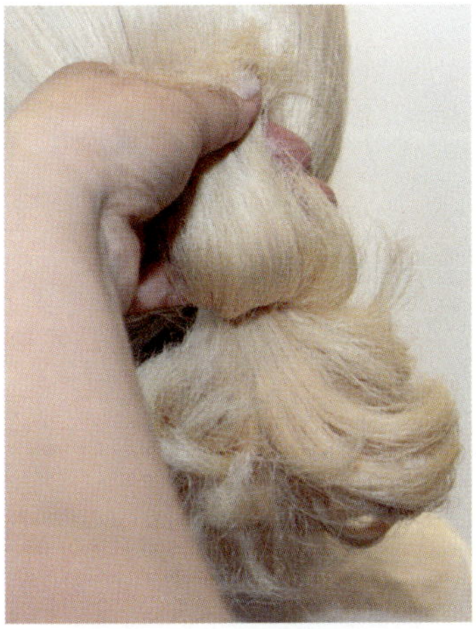

8. 모발의 윗단을 잡아 결정리를 한다.

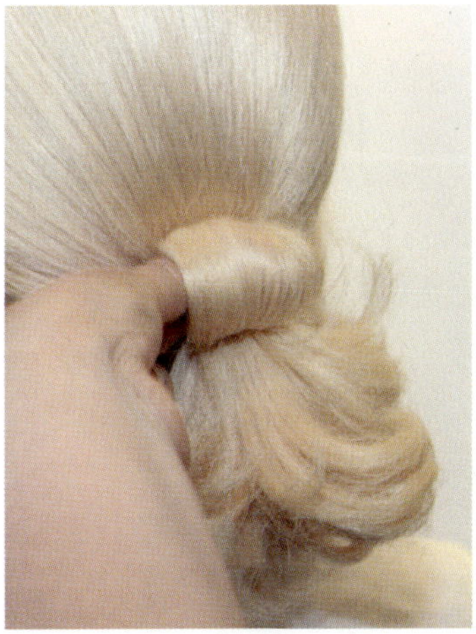

9. 말기기법을 사용하여 핀으로 견고하게 고정시킨다.

10. 고정시킨 모습이다.

11. 밑 부분 모발도 말기기법을 사용하여 고정한다.

12. 고정하기 위해 핀을 꼽는다.

13. 말기의 면을 정리 한다.

14. 밑 부분 모발 양쪽 끝을 잡고 둥글게 펴준다.

15. 둥글게 펴준 모습이다.

16. 윗부분 디테일과 함께 이어지게 고정시켜준다.

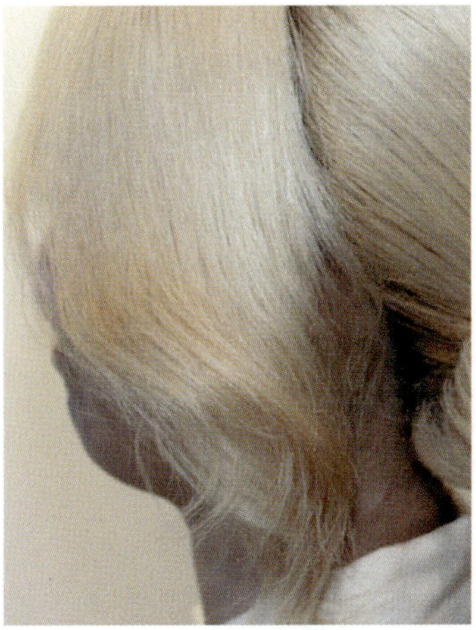

17. 사이드 머리를 결정리 해준다.

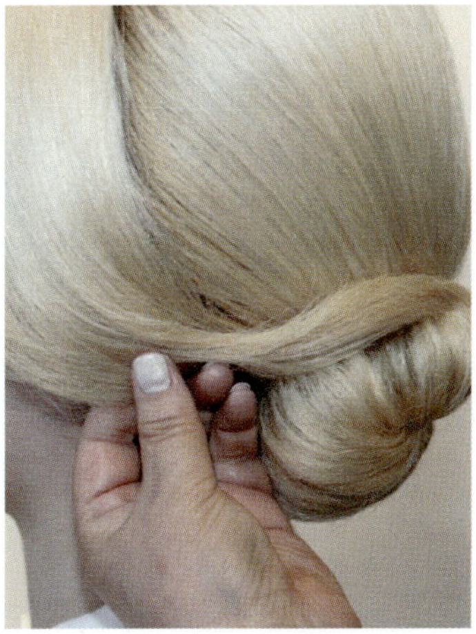

18. 넘어가는 느낌으로 귀를 감싸게 만들어준다.

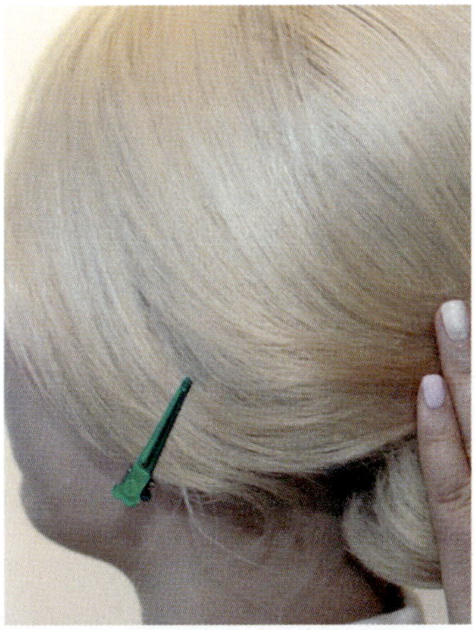

19. 갈라진 부분이 보이지 않게 결을 정돈해준다.

20. 핀컬을 사용하여 형태를 잡아준다.

21. 형태를 잡은 모습

22. 끝 모발을 핀으로 고정한다.

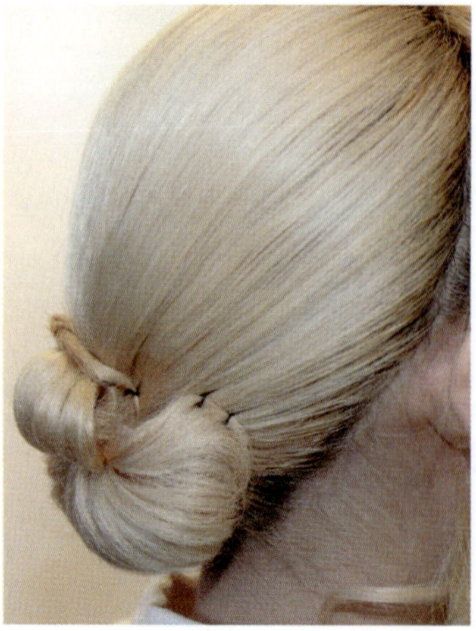

23. 반대편도 동일하게 시술한다.

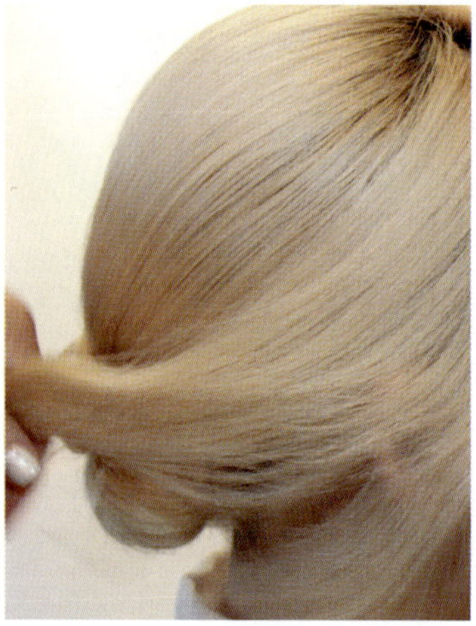

24. 옆머리를 연출하기 위해 정리한다.

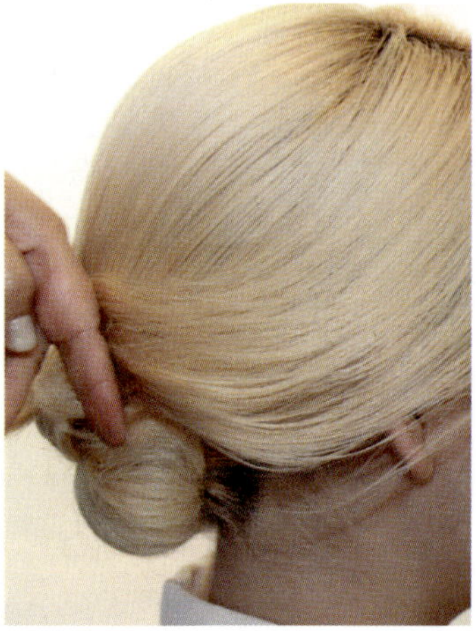

25. 고정할 위치를 정한다.

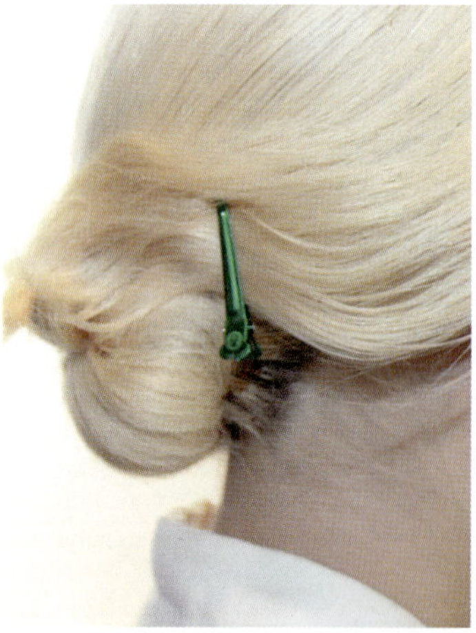

26. 핀으로 임시 고정한다.

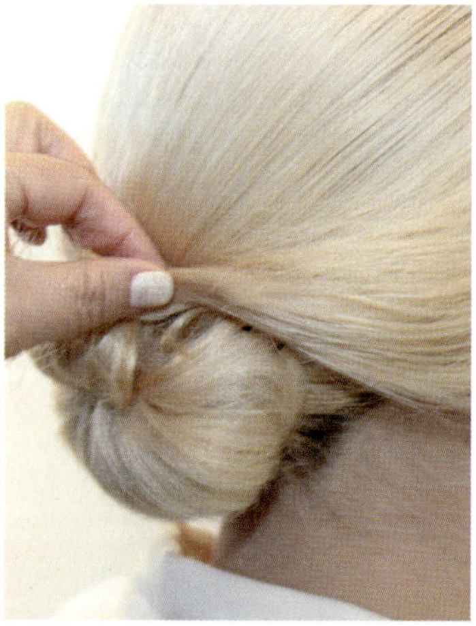

27. 고정하기 위해 자리를 잡는다.

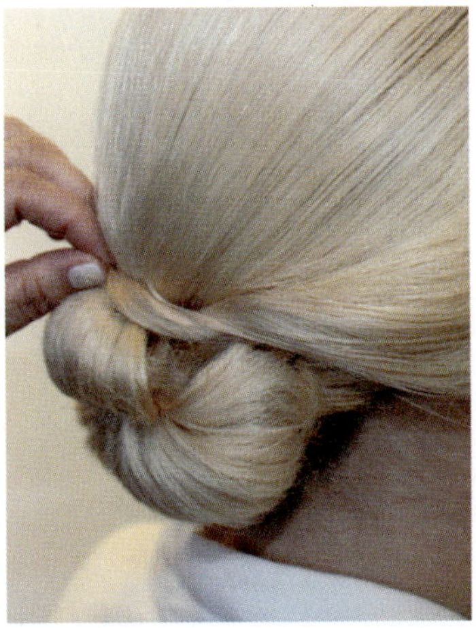

28. 모발 끝을 살짝 꼬아 핀으로 고정한다.

각도에 따른 완성된 모습

29. 완성된 오른쪽 모습

30. 완성된 오른쪽 모습

31. 완성된 뒷모습

32. 완성된 뒷모습

33. 완성된 왼쪽 모습

34. 완성된 왼쪽 모습

35. 완성된 앞모습

36. 액세서리를 이용한 완성된 모습1

37. 액세서리를 이용한 완성된 모습 2

38. 액세서리를 이용한 완성된 모습 3

39. 액세서리를 이용한 완성된 모습 4

40. 액세서리를 이용한 완성된 모습 5

③ 말기 기법 업스타일 3

1) 사용도구

업스타일 시술 도구(꼬리 빗, 실핀, 유핀, 스프레이. 밴드, 고무줄, 광택제, 핀셋, 매직기, 아이롱기 등)

2) 작품분석

① 작품 설명 : 예술성을 강조한 엘레강스한 스타일로 볼륨을 살려 우아함과 두상의 단점을 보안하는 스타일로 40대 이상의 높은 연령에서 선호하는 디자인이다.

② 시술기법 : 토대는 말기기법으로 견고하게 결합시켜 안정감을 준다.

③ 시술 팁 : 모발 길이가 짧아도 가능하며 백콤으로 볼륨을 형성하여 롤의 면을 잘 표현한다.

④ 스타일 대상 : 중년여성의 한복과 드레스 디자인으로 적합하다. 연령에 관계없이 무대에 오르는 디자인으로 많이 연출된다.

⑤ T.P.O : 시니어 패션쇼, 오페라 공연, 뮤지컬 공연 등

3) 시술순서

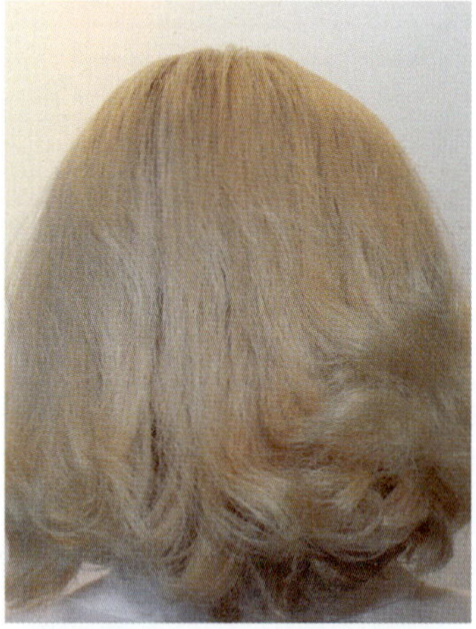

1. 모발 끝 쪽에 웨이브를 형성해준다.

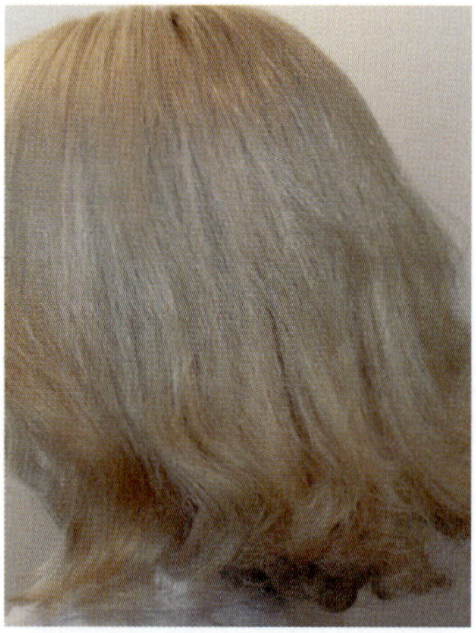

2. 웨이브 형성 상태이다.

3. 골덴포인트에 토대를 설정한다.

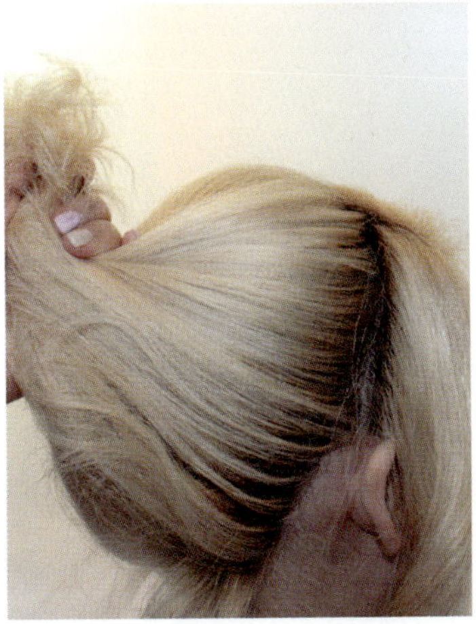

4. 모발을 한쪽으로 빗어 결정리를 한다.

5. 둥글게 소라모양을 말아 준다.

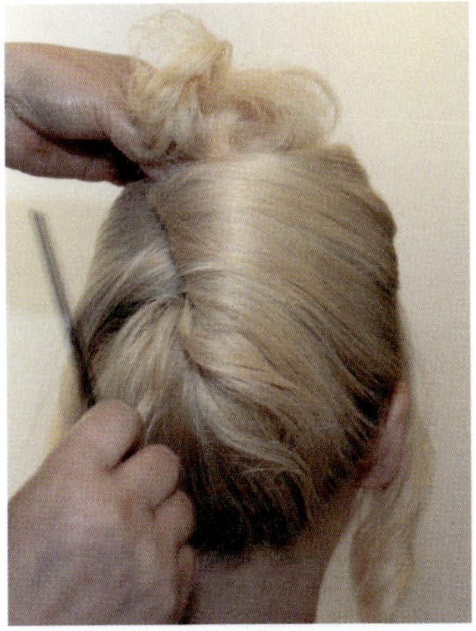

6. 핀으로 견고하게 고정한다.

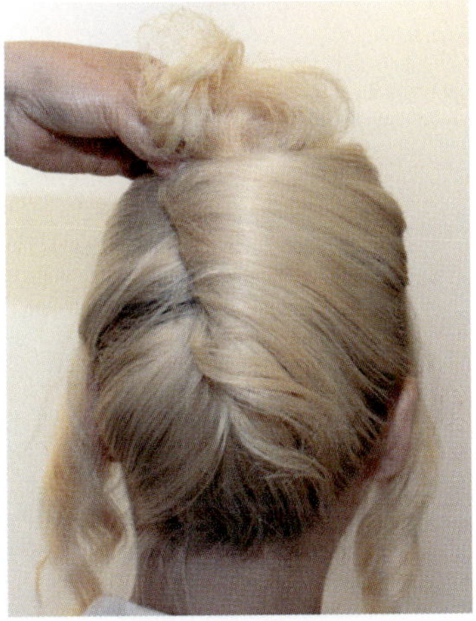

7. 말기한 상태이다.

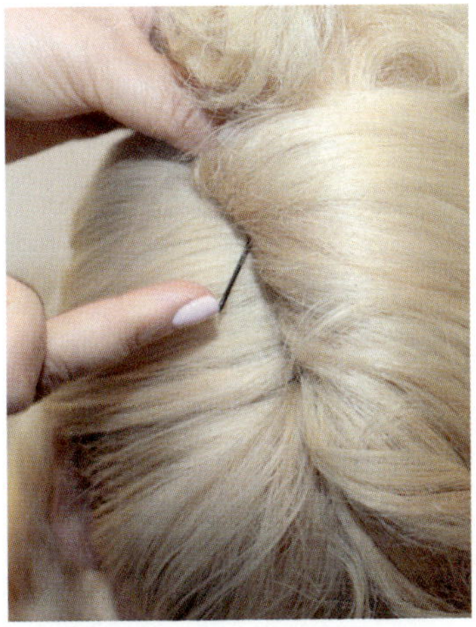

8. 핀으로 고정한다.

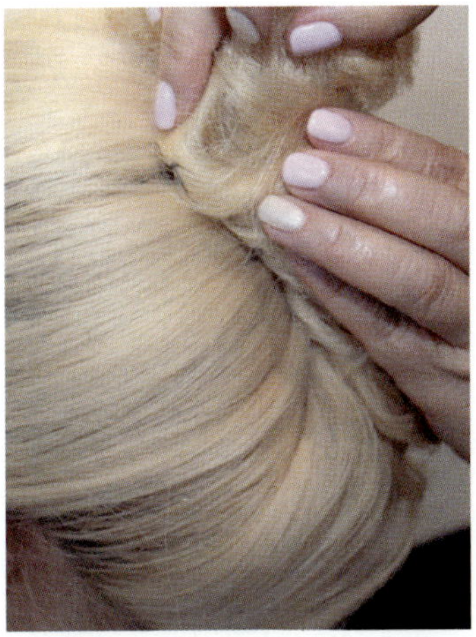

9. 고정시킨 후 모양을 잡는다.

10. 모양을 잡은 상태이다.

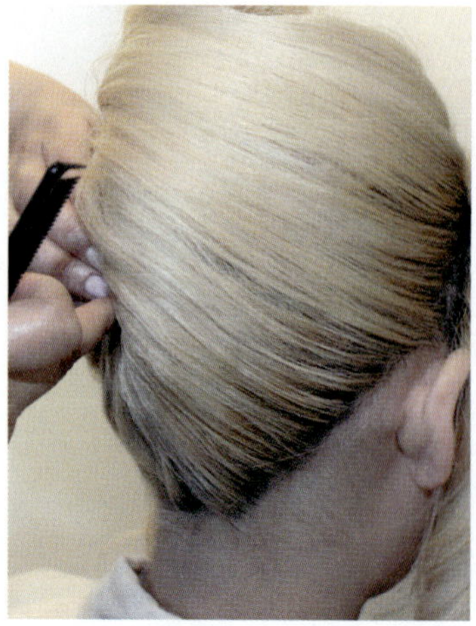

11. 결 정리를 해준다.

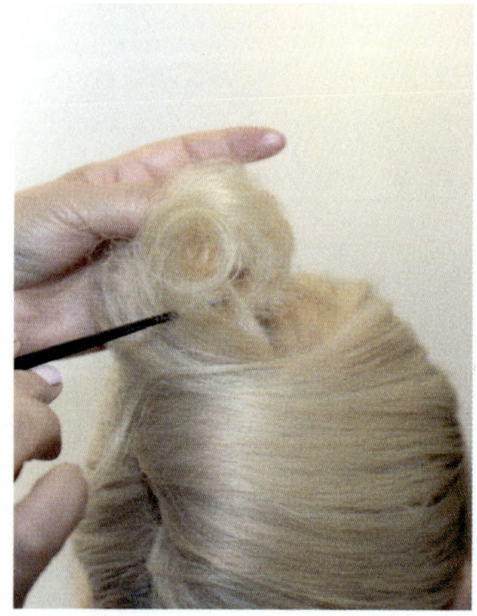

12. 모발 끝을 디자인해준다.

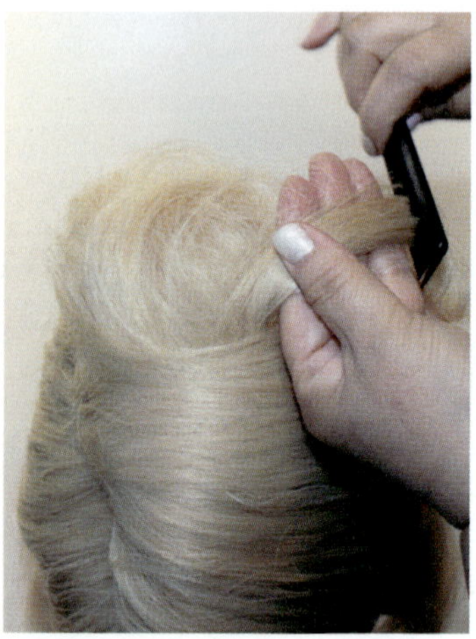

13. 모발 끝까지 결정리를 한다.

14. 판넬하나 하나 모발 끝을 정리 한다.

15. 정리된 상태이다.

16. 뒤에서 본 정리된 상태이다.

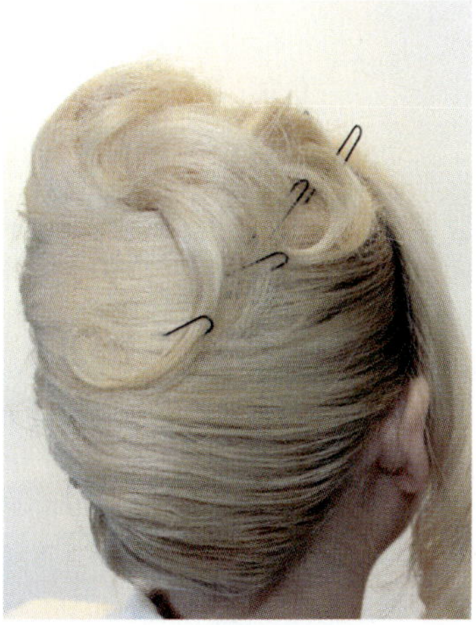

17. U핀을 사용하여 텍스쳐를 만들어준다.

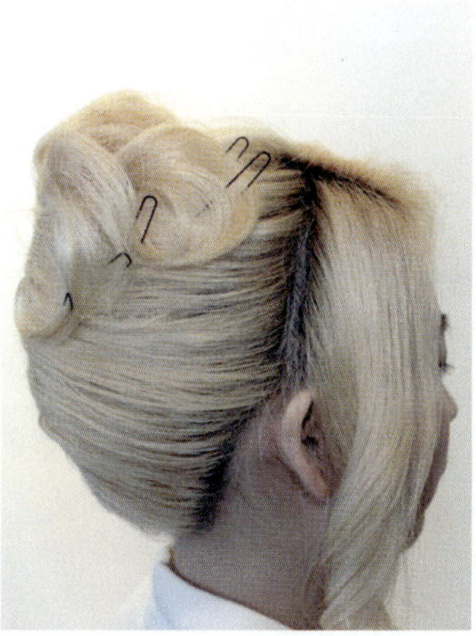

18. 사이드 연출을 위해 모발을 정리한다.

19. 스프레이로 고정시켜 준다.

20. 사이드 모발도 결감을 만들어 U핀으로 디자인한다.

21. 고정시킨 상태이다.

22. 고정시킨 상태이다.

23. 고정시킨 상태를 확대한 모습

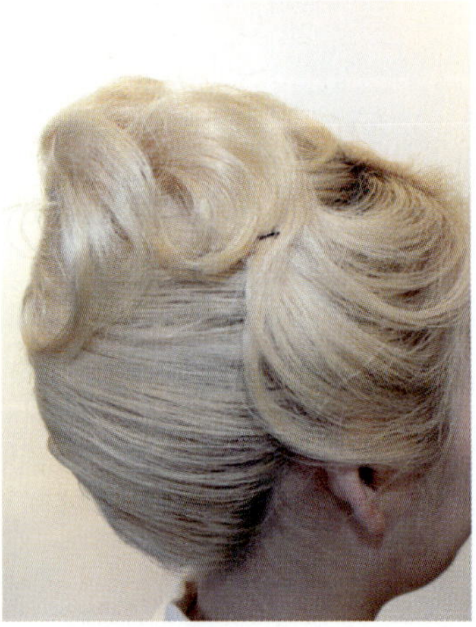

24. 확대한 모습

25. 뒤에서 본 모습

26. 반대편도 동일하게 시술한다.

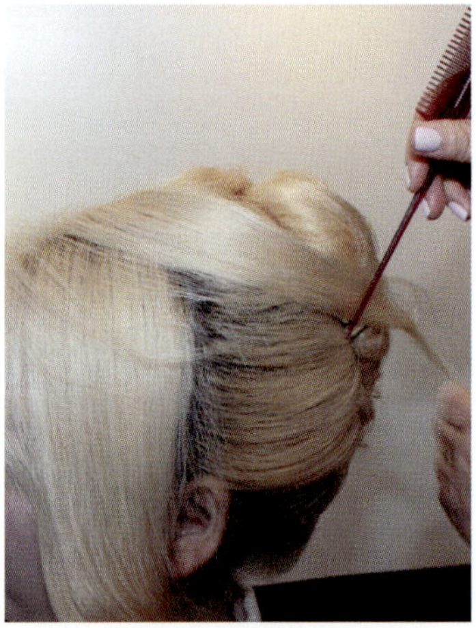

27. 옆머리를 가져와 고정할 위치를 정한다.

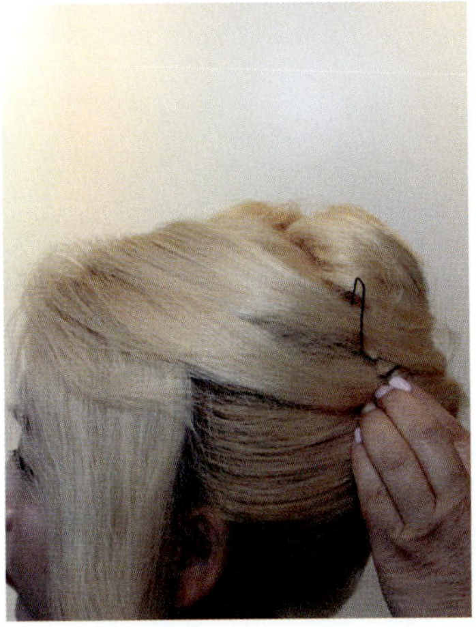

28. 고정시킨다.

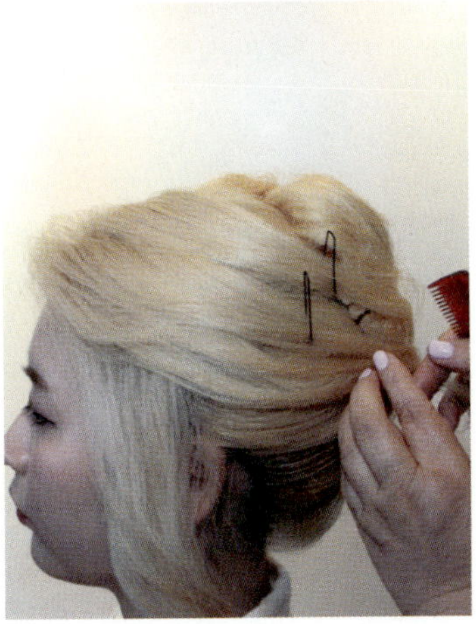

29. 다음 모발도 가져와 고정시킬 위치를 정한다.

30. 고정시킨다.

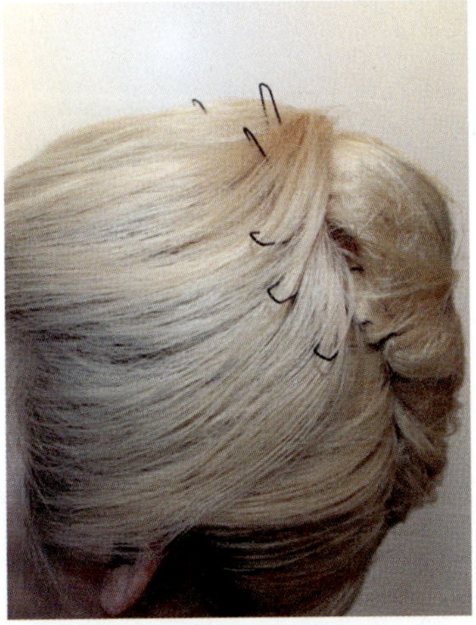

31. 마지막 모발도 고정시킨 상태이다.

32. 옆에서 본 모습

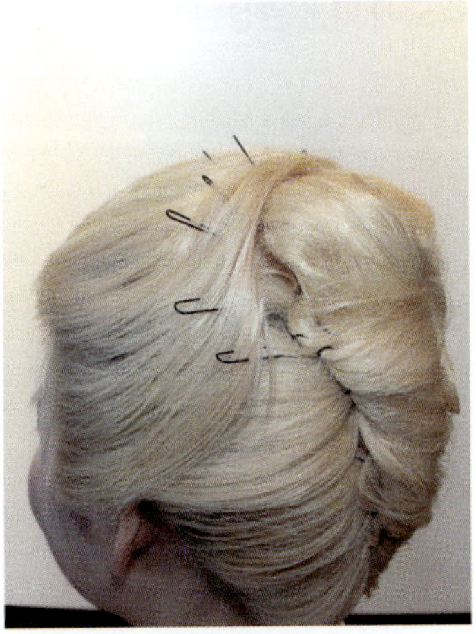

33. 뒤에서 본 모습

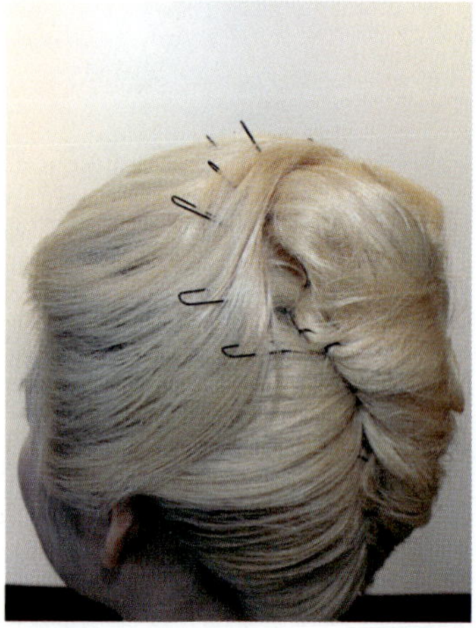

34. 다른 면에서 본 모습

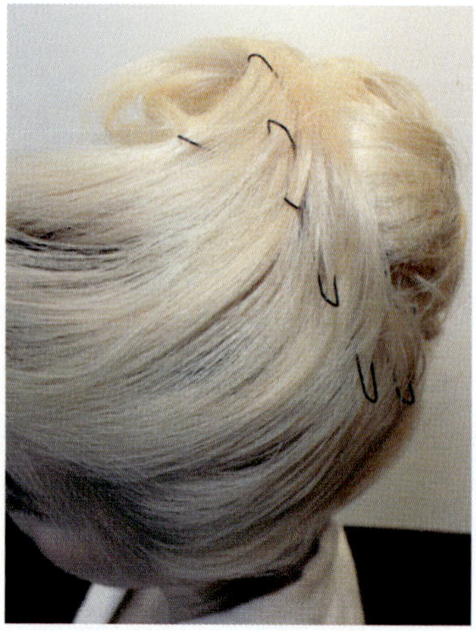

35. 위에서 본 모습

36. 마지막 톱 부분은 고리기법을 사용하여 디자인한다.

각도에 따른 완성된 모습

37. 위에서 본 완성된 모습

38. 완성된 오른쪽 모습

39. 완성된 뒷모습

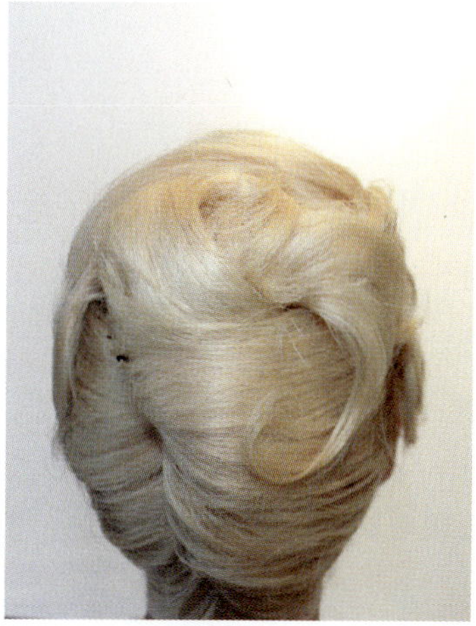

40. 완성된 뒷모습

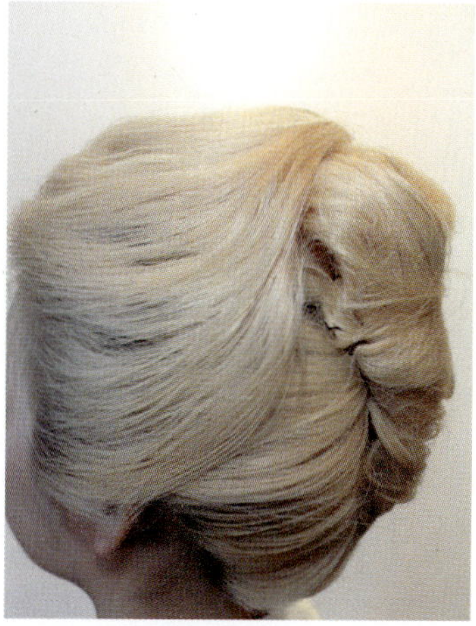

41. 완성된 왼쪽 모습

42. 완성된 왼쪽 모습

④ 말기 기법 업스타일 4

1) 사용도구

업스타일 시술 도구(꼬리 빗, 실핀, 유핀, 스프레이. 밴드, 고무줄, 광택제, 핀셋, 매직기, 아이롱기 등)

2) 작품분석

① 작품 설명 : 일명 소라머리의 디자인을 세분화시켜 좀 더 자연스럽고 과하지 않은 표현으로 모든 연령과 의상에 적합하다.

② 시술기법 : 톱포인트(T.P), 골덴포인트(G.P), 백포인트(B.P)로 파팅을 나뉘어 45도의 각도로 들어 겹치기를 표현한다.

③ 시술 팁 : 겹치는 부분의 토대의 고정을 단단히 한다. 각도가 45도의 각도를 유지하여 고급스럽게 연출한다.

④ 스타일 대상 : 전 연령, 한복 드레스 모두 가능하다.

⑤ T.P.O : 데일리 스타일 , 퓨전한복, 스몰웨딩, 모발길이 단점보안, 짧은 머리도 시술 용이

3) 시술순서

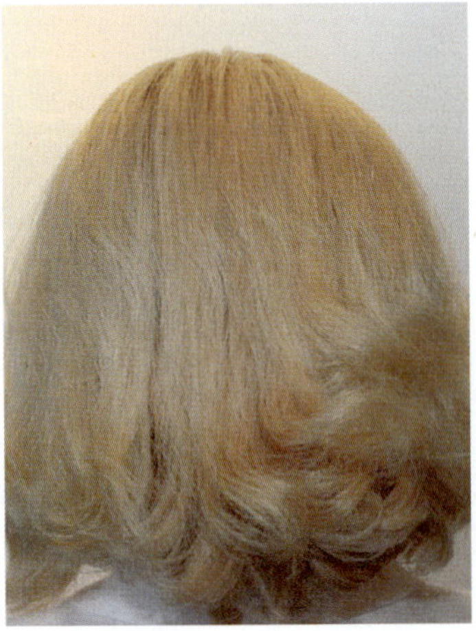

1. 모발 끝 부분에 웨이브를 형성해 준다.

2. 웨이브 형성 상태이다.

3. 모발을 왼쪽으로 빗어 고정시킨다.

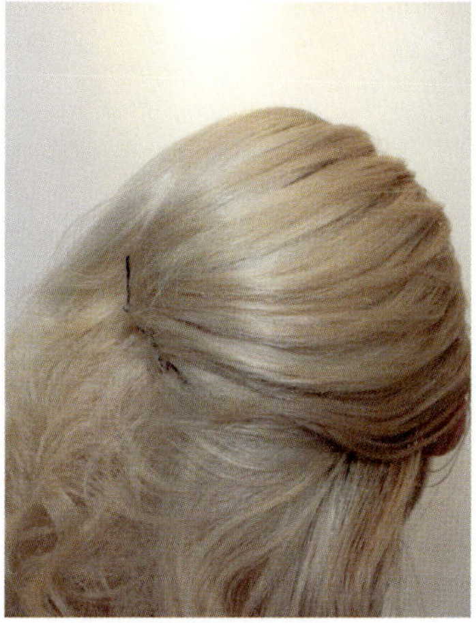

4. 고정시킨 상태이다.

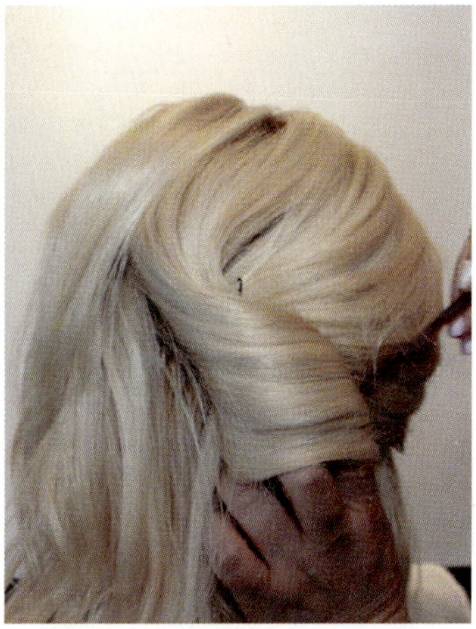

5. 말기기법을 사용하여 형태를 만들어준다.

6. 말기 고정시킨 상태이다.

7. 프론트포인트 모발을 빼고 사이드 모발을 뒤로 당긴다.

8. 방향을 다운시켜 말기기법을 사용하여 결합한다.

9. 고정시킨 상태이다.

10. 왼쪽 네이프 모발을 롤업한다.

11. 말기를 하여 고정할 위치를 정한다.

12. 고정시킨 상태이다.

13. 반대편도 동일하게 시술한다.

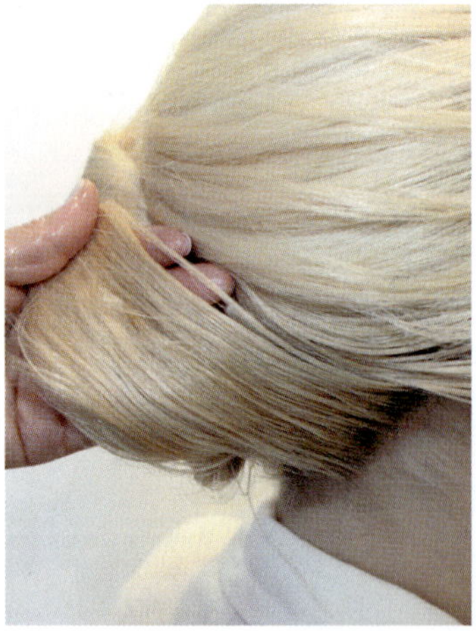

14. 말기를 한다.

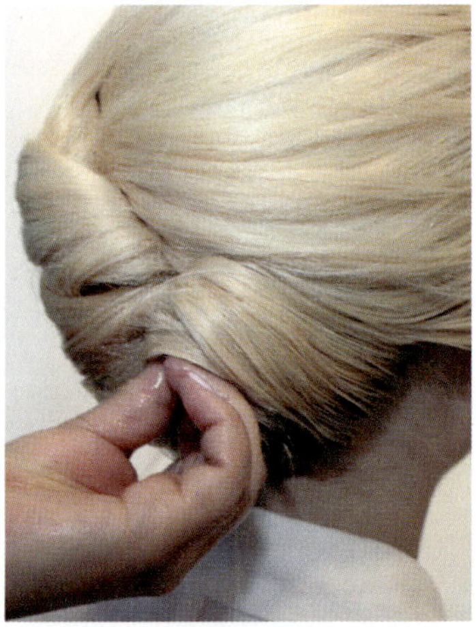

15. 고정할 위치를 정한다.

16. 고정된 상태이다.

17. 프론트 모발을 같은 방향으로 롤업한다.

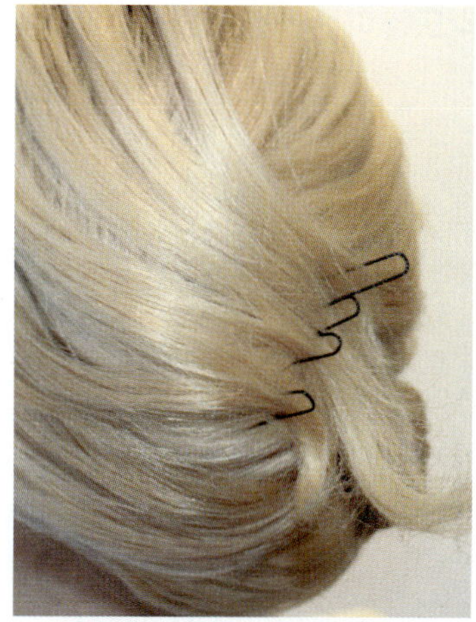

18. U핀을 사용하여 텍스쳐를 만들어 고정시킨다.

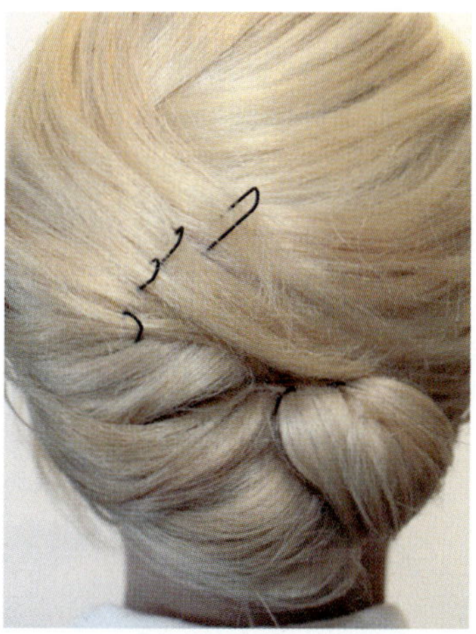

19. 가닥의 결을 정리한다.

각도에 따른 완성된 모습

20. 완성된 왼쪽 모습

21. 완성된 모습

22. 액세서리를 사용한 완성된 모습

23. 액세서리를 이용한 완성된 모습

⑤ 말기 기법 업스타일 5

1) 사용도구

업스타일 시술 도구(꼬리 빗, 실핀, 유핀, 스프레이. 밴드, 고무줄, 광택제, 핀셋, 매직기, 아이롱기 등)

2) 작품분석

① 작품 설명 : 웨이브의 거친 면을 살려 좀 더 트렌디하고 젊은 층이 선호하는 디자인으로 완성도가 높다.
② 시술기법 : 확실한 웨이브 형성과 느슨한 토대로 자연스러움을 잘 표현한다.
③ 시술 팁 : 짧은 모발에도 가능하며 두상의 단점을 보완할 수 있다.
④ 스타일 대상 : 20~40대 초반까지 모든 의상에 가능하며 모발의 명도가 밝을수록 잘 표현된다.
⑤ T.P.O : 스몰웨딩, 웨딩본식, 한복, 데일리

3) 시술순서

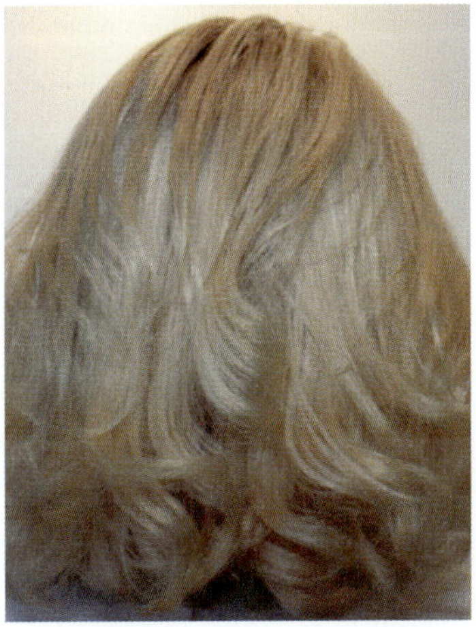

1. 시술 전 모습이다.

2. 매직기를 사용하여 톱부분부터 강하게 릿지감을 살려 웨이브를 형성한다.

3. 웨이브를 계속 형성한다.

4. 웨이브가 만들어진 상태이다.

5. 뒤에서 본 모습이다.

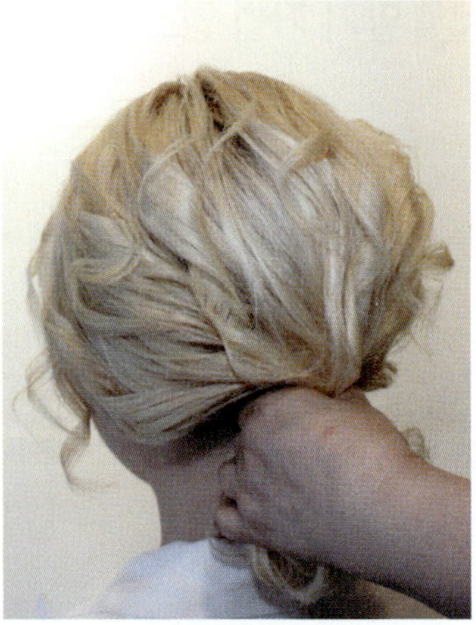

6. 백포인트 쪽에 토대를 설정한다.

7. 단단하게 밴딩한다.

8. 싱을 사용한 위치를 정한다.

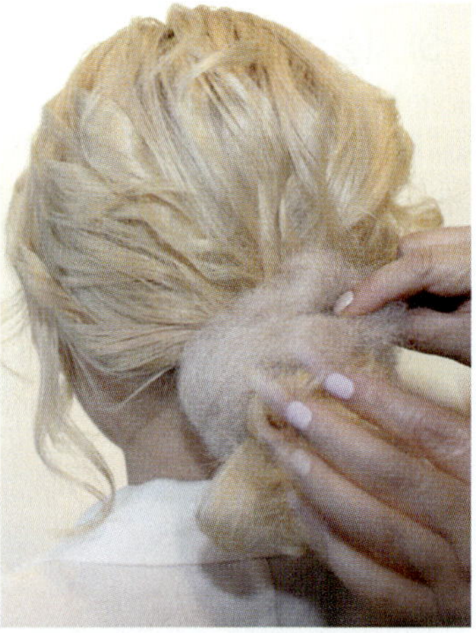

9. 정한 위치에 핀으로 단단하게 고정시킨다.

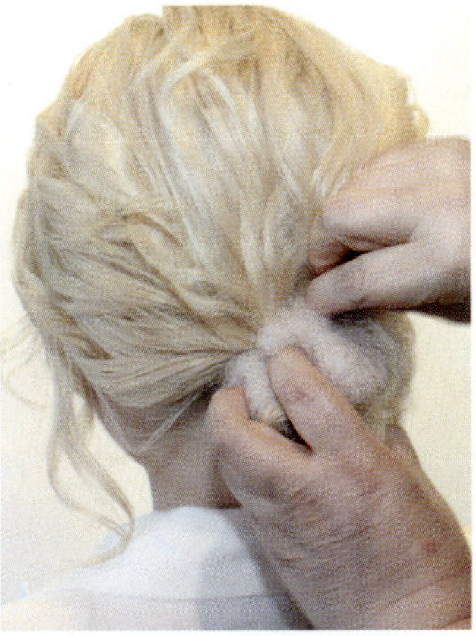

10. 싱을 고정할 위치를 정한다.

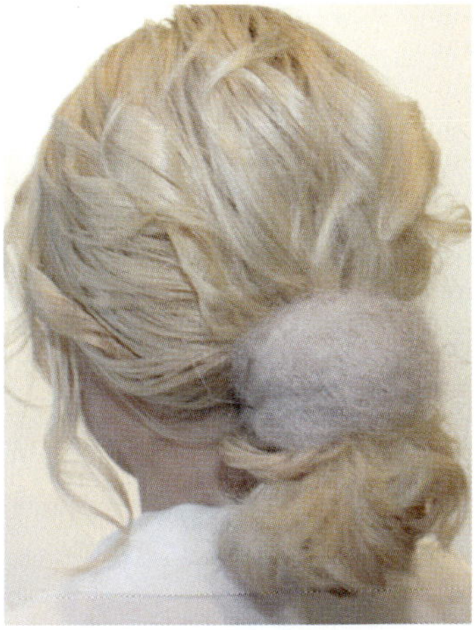

11. 싱을 고정시킨 모습이다.

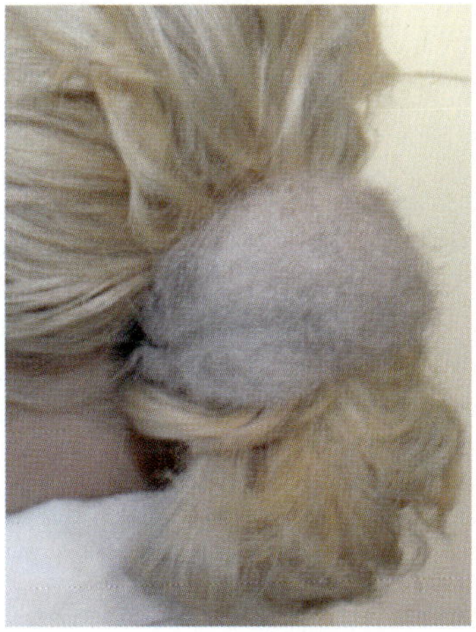

12. 고정된 싱을 확대 한 것이다.

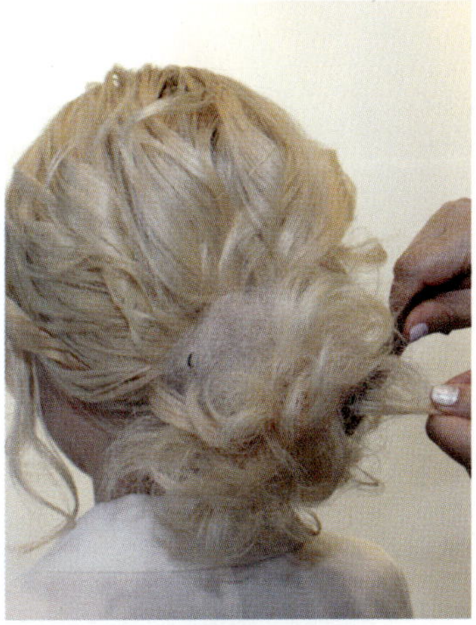

13. 모발에 백콤을 넣어준다.

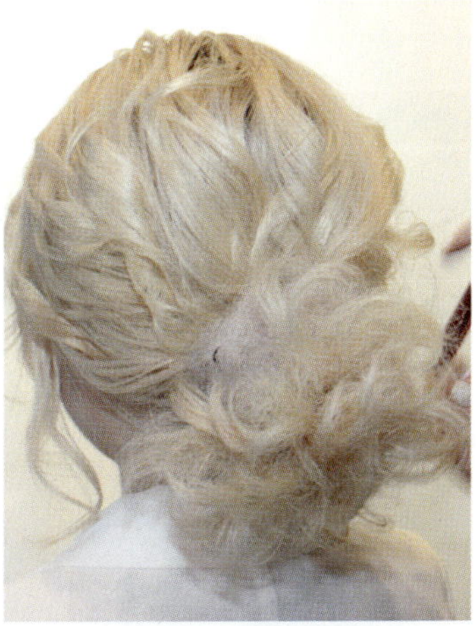

14. 백콤을 넣을 때 웨이브의 질감을 유지한다.

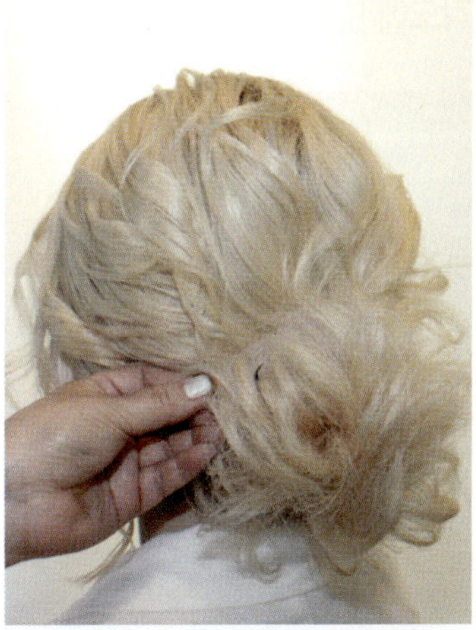

15. 말기기법을 사용하여 결정리 후 고정한다.

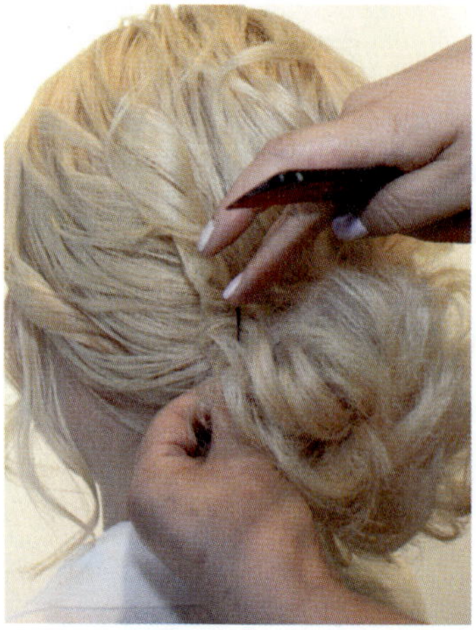

16. 핀으로 고정한다.

각도에 따른 완성된 모습

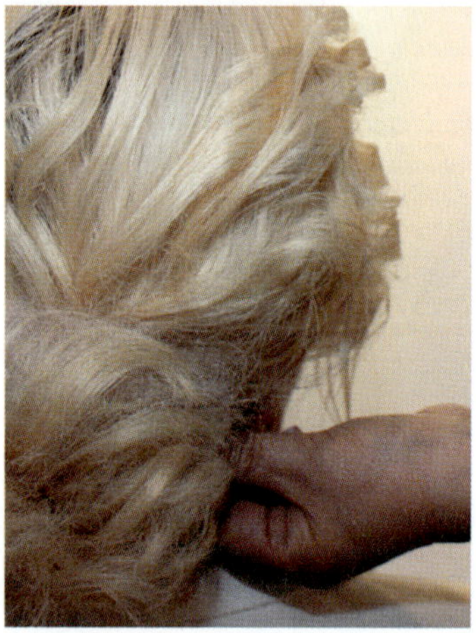

17. 핀으로 고정한다.

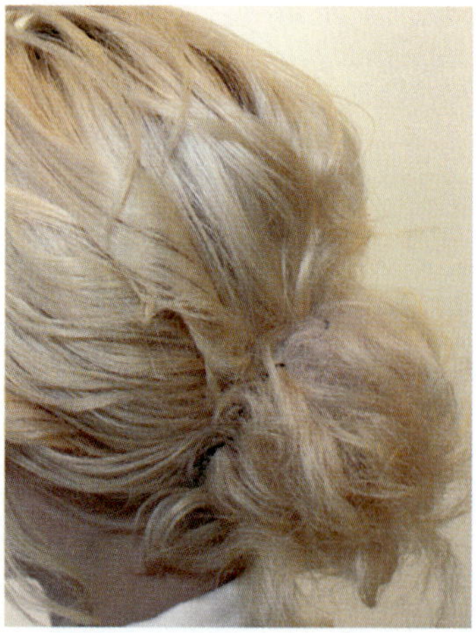

18. 완성된 왼쪽 모습

19. 완성된 왼쪽 앞모습

20. 완성된 오른쪽 모습

21. 완성된 앞모습

UP STYLE

제8장

고리 업스타일

1 고리 기법 업스타일 1

1) 사용도구

업스타일 시술 도구(꼬리 빗, 실핀, 유핀, 스프레이. 밴드, 고무줄, 광택제, 핀셋, 매직기, 아이롱기 등)

2) 작품분석

① 작품 설명 : 상위 업스타일로 우아함과 큐티함을 동시에 표현할 수 있는 작품이다.

② 시술기법 : 밴딩, 토대 없이 모발로 톱 포인트에 토대를 만들고 모선의 면을 넓게 표현하며, 모발 끝을 고리로 표현한다.

③ 시술 팁 : 모발 면을 매끈하게 빗질하고 방향성을 얼굴형에 맞게 표현한다.

④ 스타일 대상 : 전 연령

⑤ T.P.O : 모든 행사에 가능한 디자인 (웨딩, 연주회, 퓨전한복)

3) 시술순서

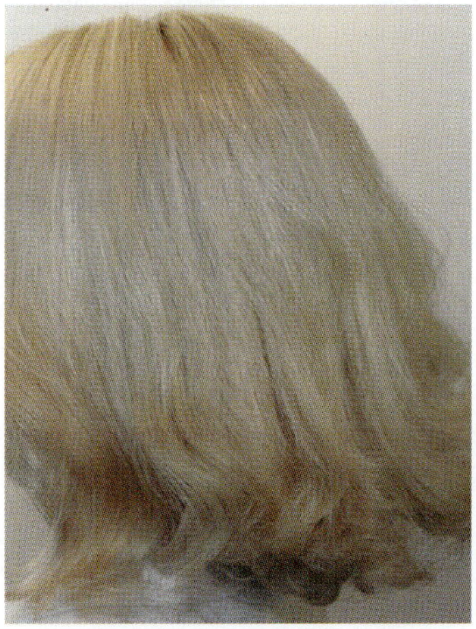

1. 모발 끝 부분에 웨이브를 형성한다.

2. 웨이브 형성상태이다.

3. 이어 투 이어 섹션을 나눠준다.

4. 톱 포인트를 중심으로 둥글게 섹션을 나눈다.

5. 나눈 섹션을 위로 들어 꼬아 준다.

6. 꼬은 모발을 실핀을 단단하게 고정시킨다.

7. 톱포인트를 기준을 양쪽 사이드도 똑같이 토대를 만든 중심으로 모발을 꼬아 실핀으로 고정한다.

8. 고정된 상태이다.

9. 반대편 모발을 연출하기 위해 정리한다.

10. 고정할 위치를 정한다.

11. 고정시킨 상태이다.

12. 골덴 포인트 부분도 동일하게 시술한다.

13. 고정시킨 상태이다.

14. 동일하게 끝까지 이어 시술한다.

15. 고정시킨 상태이다.

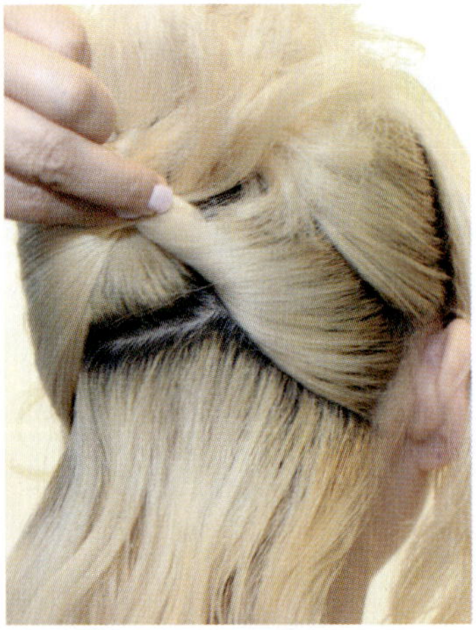

16. 고정할 위치를 정한다.

17. 고정된 상태이다.

18. 다음 모발도 고정할 위치를 정한다.

19. 고정할 위치를 정한다.

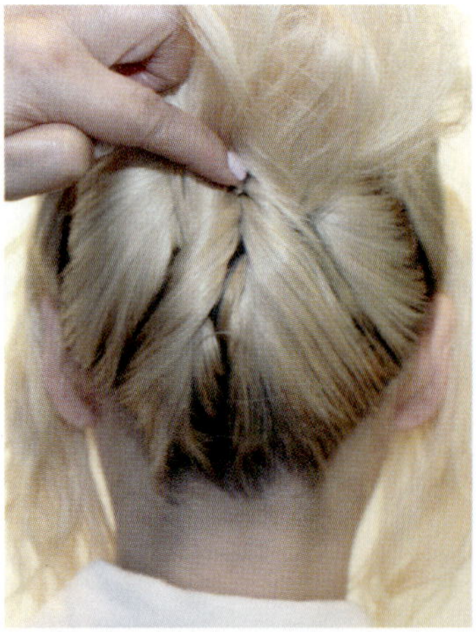

20. 핀으로 고정한다.

21. 모발을 나눠 잡아 고리기법을 사용하여 디테일을 잡아준다.

22. 고리가 만들어진 상태이다.

23. 다음 모발 고리를 만들어 고정할 위치를 정한다.

24. 고정시킨 상태이다.

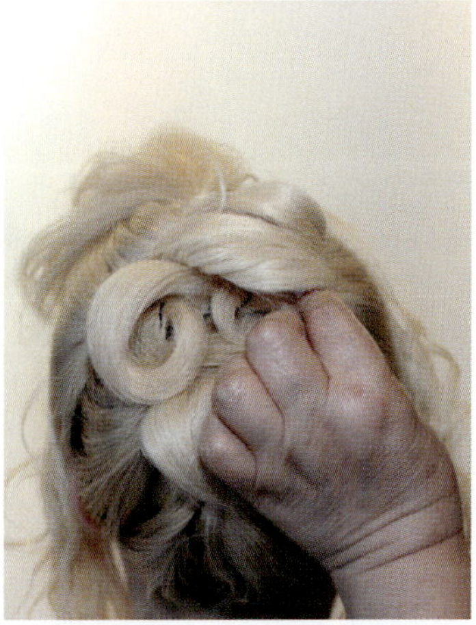

25. 다음 모발도 고리를 만들어 위치를 정한다.

26. 고정된 상태이다.

27. 남은 모발 고리를 만들어 위치를 정한다.

28. 고정시킨 상태이다.

29. 사이드 모발을 결정리 후 뒤로 당겨준다.

30. 모발을 고리모양을 만들어준다.

31. 고정시킨 상태이다.

32. 반대편 사이드도 두 갈래도 나누어 동일하게 시술하여준다.

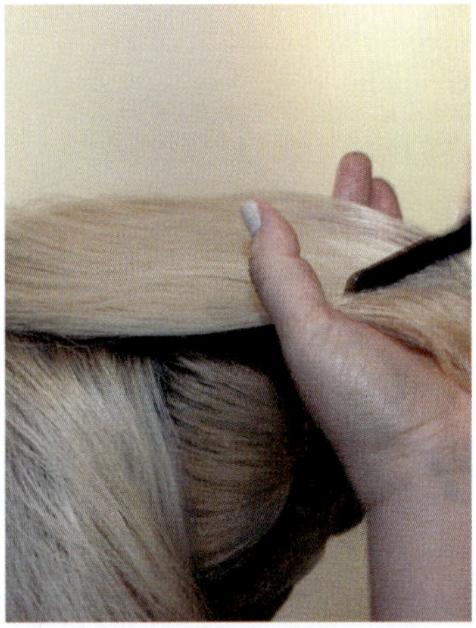

33. 모발 면을 가지런히 빗질한다.

34. 고리를 만들어 정리한 상태이다.

35. 다음 모발도 고정할 위치를 정한다.

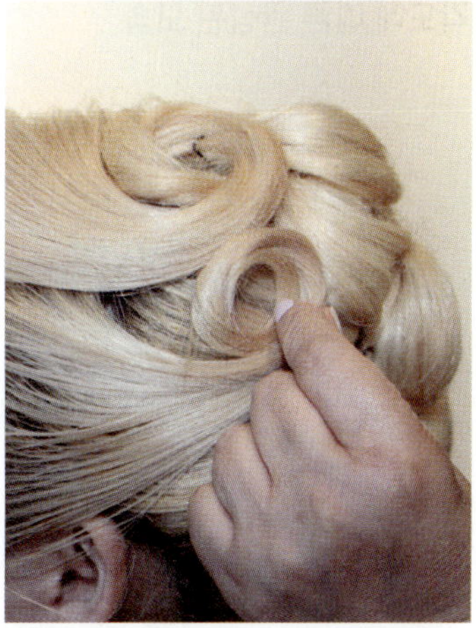

36. 고리를 만들어 위치를 정한다.

37. 고정시킨 상태이다.

각도에 따른 완성된 모습

38. 완성된 왼쪽 모습

39. 완성된 왼쪽 모습

40. 완성된 뒷모습

41. 완성된 오른쪽 모습

42. 완성된 오른쪽 모습

43. 위에서 본 완성된 앞모습

44. 완성된 앞모습

45. 액세서리를 이용한 완성된 모습

46. 액세서리를 이용한 완성된 모습 2

❷ 고리 기법 업스타일 2

1) 사용도구

업스타일 시술 도구(꼬리 빗, 실핀, 유핀, 스프레이. 밴드, 고무줄, 광택제, 핀셋, 매직기, 아이롱기 등)

2) 작품분석

① 작품 설명 : 하위 업스타일로 발랄함과 단아함을 동시에 표현할 수 있는 작품이다.
② 시술기법 : 밴딩 토대 모발로 네이프 포인트에 토대를 만들고 모선의 면을 매끈하게 표현하며, 사이드 부분에 포인트로 땋기 기법을 넣어 얼굴형의 단점을 보완한다.
③ 시술 팁 : 말기, 고리, 땋기를 견고하게 고정시킨다.
④ 스타일 대상 : 20 ~ 40대 초반까지 트렌디하게 표현할 수 있는 스타일이다.
⑤ T.P.O : 모든 행사에 가능한 디자인(웨딩, 연주회, 퓨전한복)

3) 시술순서

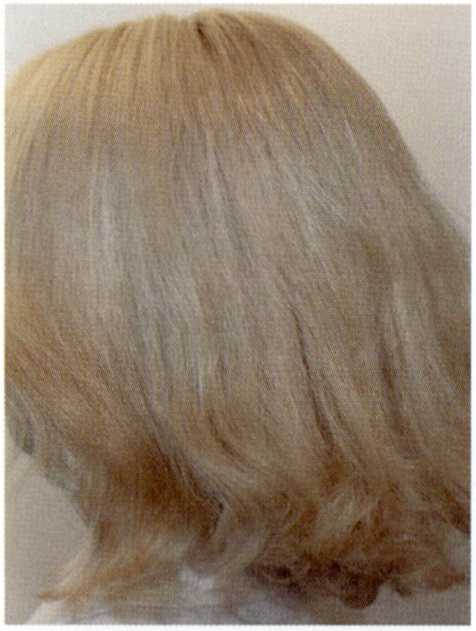

1. 모발 끝 쪽으로 웨이브를 형성해 준다.

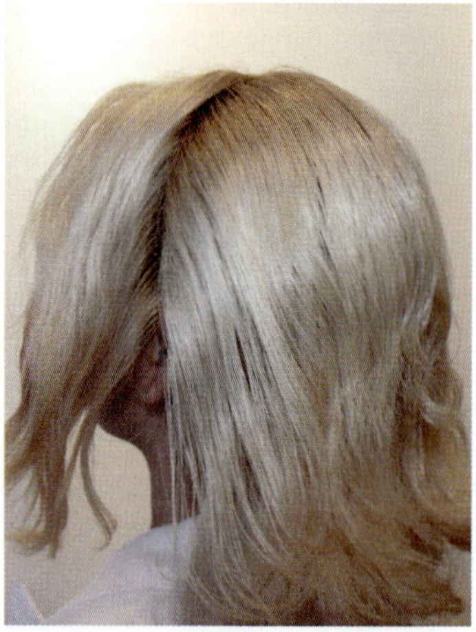

2. 이어 투 이어 섹션을 나눠준다.

3. 섹션 확대모습이다.

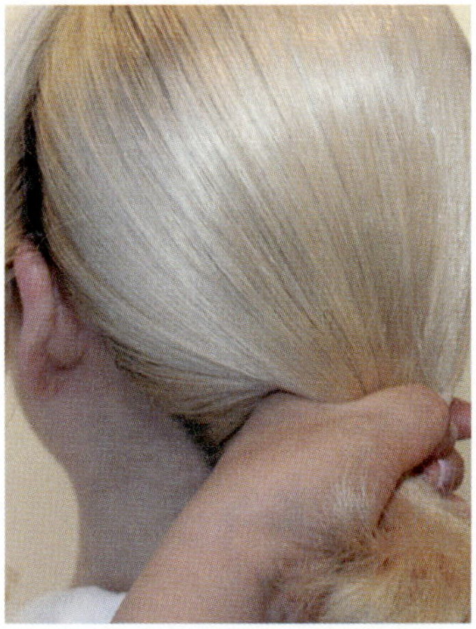

4. 백포인트 쪽에 토대를 설정한다.

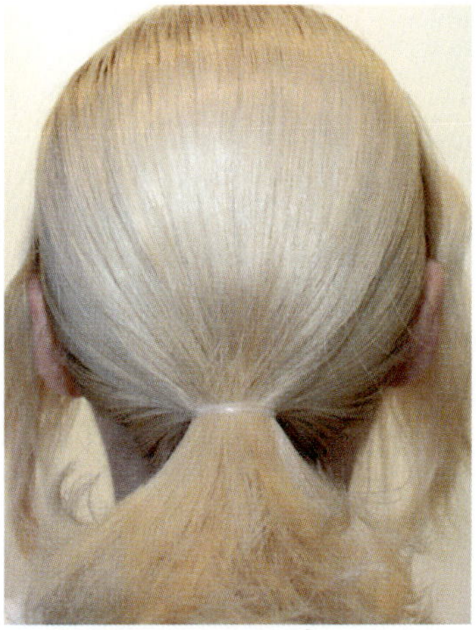

5. 단단하게 밴딩으로 고정한다.

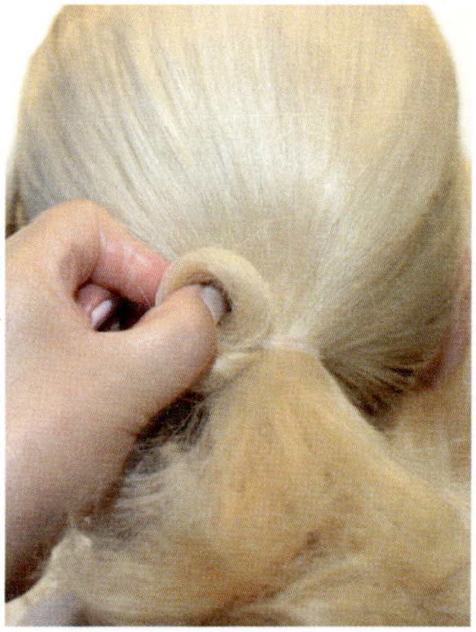

6. 모발 가닥을 잡아 고리형태를 만들어준다.

7. 고정시킨 모습이다.

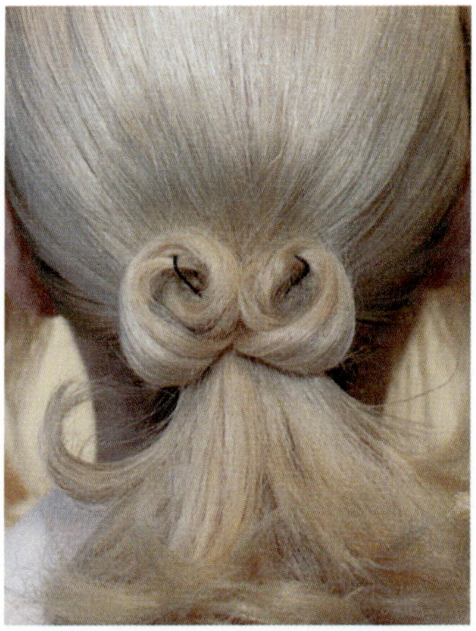

8. 동일하게 고리형태를 만들어준다.

9. 시술 중 모습이다.

10. 시술 중 모습이다.

11. 시술 중 모습이다.

12. 시술 중 모습이다.

13. 고리기법을 사용하여 둥글게 형태를 만들어 준다.

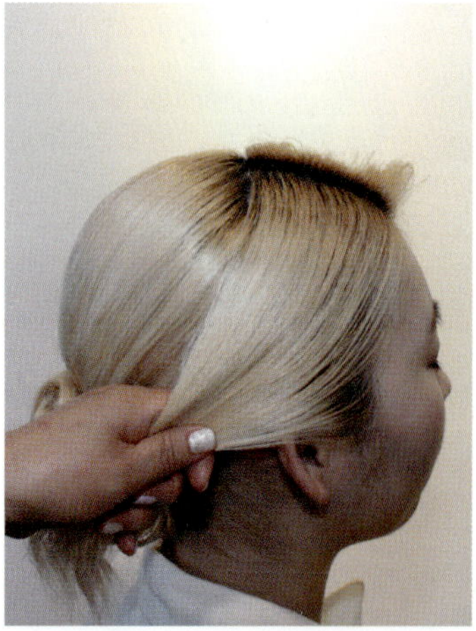

14. 사이드 모발을 결정리 후 뒤로 당겨준다.

15. 모발을 윗 부분부터 이어 땋아 준다.

16. 끝까지 땋아간다.

17. 다 땋은 모발을 고리형태로 디자인하여 고정시킨다.

18. 반대편 사이드는 땋지않고 꼬아서 모발 끝을 고리형태로 디자인한다.

19. 고정시킨 모습이다.

각도에 따른 완성된 모습

20. 완성된 왼쪽 모습

21. 완성된 뒷모습

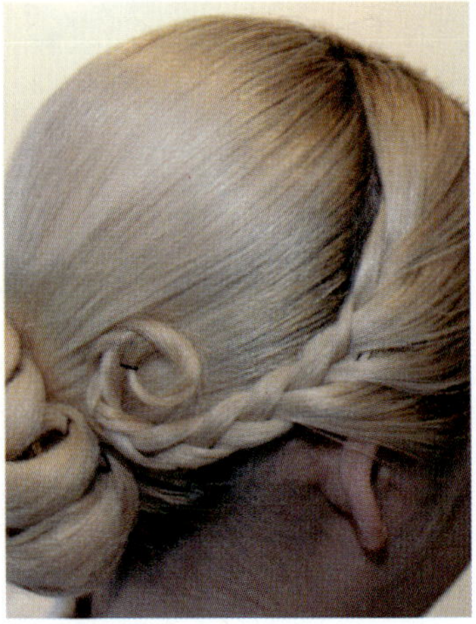

22. 완성된 오른쪽 모습

23. 완성된 오른쪽 모습

24. 위에서 본 완성된 앞모습

25. 완성된 왼쪽 모습

26. 액세서리를 이용한 완성된 모습

27. 액세서리를 이용한 완성된 뒷모습

28. 액세서리를 이용한 완성된 모습

29. 액세서리를 이용한 완성된 모습

③ 고리 기법 업스타일 3

1) 사용도구

업스타일 시술 도구(꼬리 빗, 실핀, 유핀, 스프레이. 밴드, 고무줄, 광택제, 핀셋, 매직기, 아이롱기 등)

2) 작품분석

① 작품 설명 : 하위 업스타일로 이마를 가리지 않고 볼륨을 살려 세련되고 우아하고 고급스럽게 표현할 수 있는 작품이다.
② 시술기법 : 밴딩 토대가 아닌 골덴 포인트까지 기본 토대를 만들고 사이드 모발을 모선을 갈라서 모발 끝을 고리로 만들어 고정한다.
③ 시술 팁 : 말기, 고리를 밸런스를 맞춰 고정시킨다.
④ 스타일 대상 : 30대~40대 이상 볼륨감으로 얼굴형의 단점을 보완한다.
⑤ T.P.O : 모든 행사에 가능한 디자인 (웨딩, 연주회, 퓨전한복)

3) 시술순서

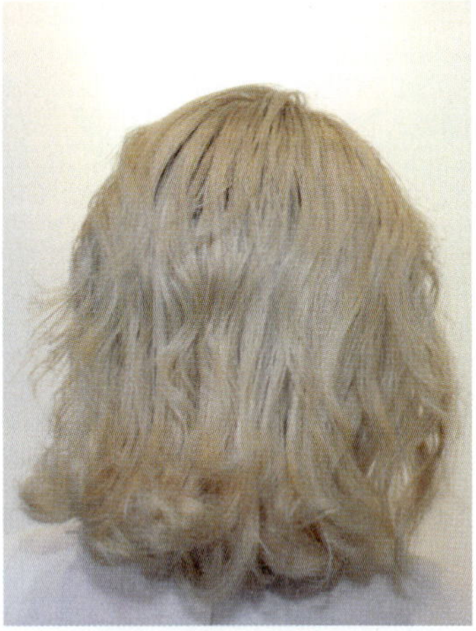

1. 모발 끝 부분에 웨이브를 형성해준다.

2. 톱 부분 모발을 뒤로 당겨준다.

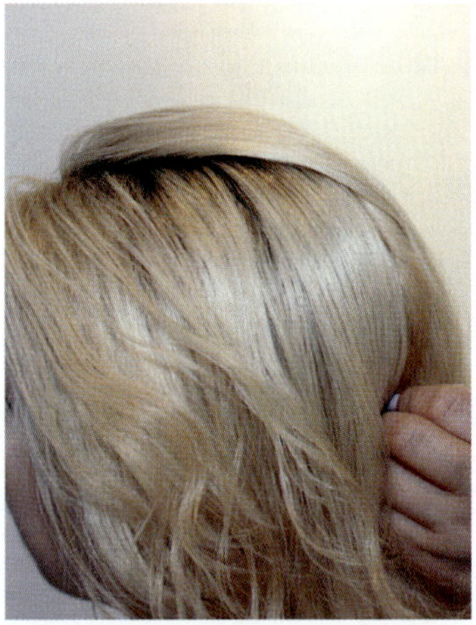

3. 골덴포인트 쪽에 핀으로 고정시킨다.

4. 사이드 부분도 동일하게 시술한다.

5. 고정할 위치를 정한다.

6. 다음 모발도 연출하기 위해 정리한다.

7. 모발 끝은 살짝 꼬아 고정시킨다.

8. 고정시킨 상태이다.

9. 남은 모발도 고정할 위치를 정한다.

10. 고정시킨 상태이다.

11. 반대편도 동일하게 시술한다.

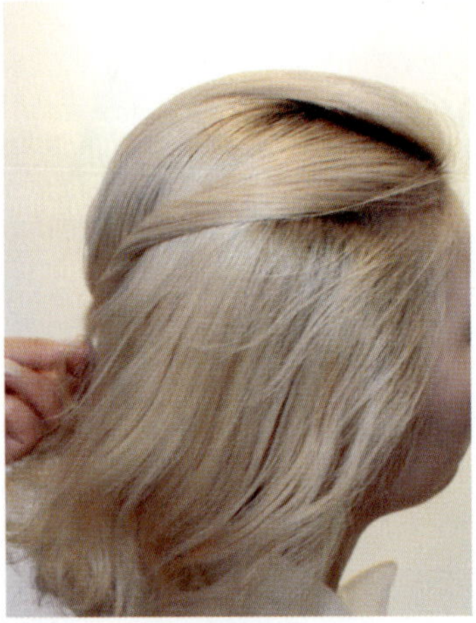

12. 고정할 위치를 정한다.

13. 다음 모발도 고정할 위치를 정한다.

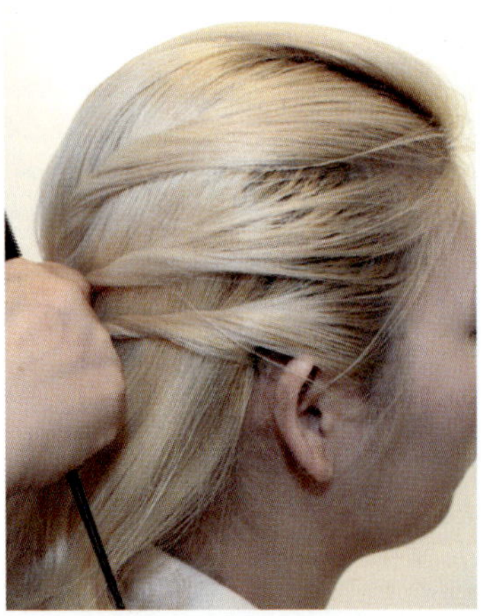

14. 고정시킨다.

15. 고정된 상태이다.

16. 끝 부분 모발을 이용하여 고리 형태로 디자인하여 고정시킨다.

17. 동일하게 디자인하여 준다.

18. 고정된 상태이다.

19. 네이프 마지막 모발을 정리한다.

20. 네이프 부분 확대한 모습이다.

21. 완성된 뒷모습

각도에 따른 완성된 모습

22. 완성된 오른쪽 모습

23. 완성된 앞 모습

24. 완성된 왼쪽 모습

25. 액세서리를 이용한 완성된 모습

26. 액세서리를 이용한 완성된 모습

27. 액세서리를 이용한 완성된 모습

UP STYLE

UP STYLE

제9장

겹치기/매듭 업스타일

① 겹치기 기법 업스타일

1) 사용도구

업스타일 시술 도구(꼬리 빗, 실핀, 유핀, 스프레이, 밴드, 고무줄, 광택제, 핀셋, 매직기, 아이롱기 등)

2) 작품분석

① 작품 설명 : 아트적으로 표현하여 개성을 살리고 공연이나 파티디자인으로 적합한 스타일이다.
② 시술기법 : 겹치기를 주기법으로 땋기와 고리를 조화롭게 표현한다.
③ 시술 팁 : 페이스 라인에 머리에 땋기 기법을 얼굴형에 맞게 표현한다(각도, 기울기).
④ 스타일 대상 : 20대~30대
⑤ T.P.O : 공연 연주회, 파티, 조금 화려한 스타일을 연출할 수 있는 디자인

3) 시술순서

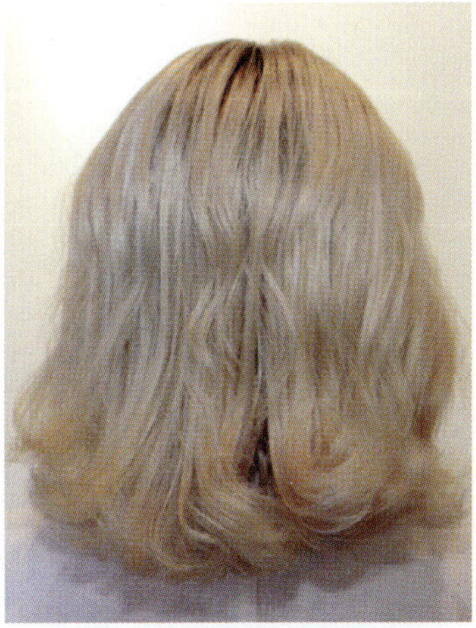

1. 모발 끝에 웨이브를 형성해준다.

2. 톱 부분 모발을 반묶음 하듯이 방향성을 다운시켜 묶어준다.

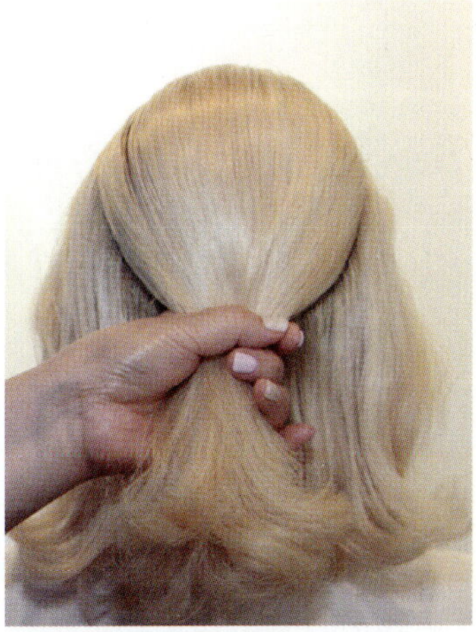

3. 시술 중 모습이다.

4. 끝부분을 동그랗게 말아 묶어준다.

5. 밑에 남은 모발들을 펼쳐서 결 정리 후 가져온다.

6. 묶어놓은 토대 위에 겹쳐지게 고정시킨다.

7. 동일하게 반복하여 시술한다.

8. 반대쪽으로 겹치기하여 고정할 위치를 정한다.

9. 다음 연출할 모발을 정리한다.

10. 겹치기를 한다.

11. 겹치기 한 모습이다.

12. 겹치기 면을 정리한다.

13. 겹쳐지는 시술 방향은 다양하게 디자인한다.

14. 토대 옆 고정할 위치를 정한다.

15. 반대편 모발도 토대 옆 고정 할 위치를 정한다.

16. 겹치기하여 고정할 위치를 정한다.

17. 고정시킨 모습이다.

18. 네이프 부분 모발을 겹치기 한다.

19. 네이프 쪽 모발을 동그랗게 말아 묶은 부분에 올려 겹치게 디자인한다.

20. 겹치기 한 모습이다.

21. 사이드 모발도 모발이 겹쳐지게 땋아준다.

22. 겹치기를 진행한다.

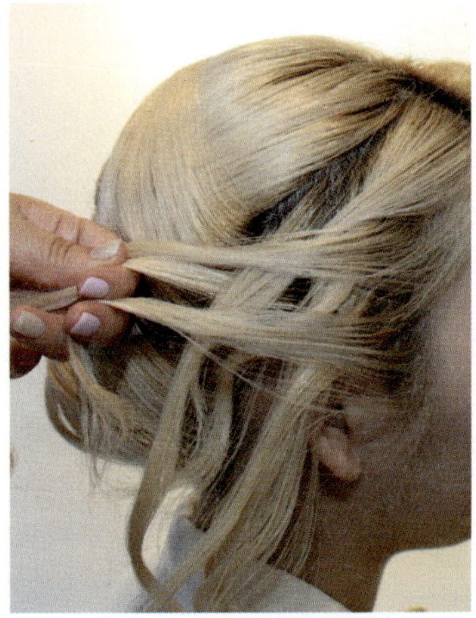

23. 다음 모발을 가져와 겹치기를 진행한다.

24. 남은 모발을 가져와 겹치기를 한다.

25. 모는 모발을 같이 땋기를 한다.

26. 땋기를 한 모습이다.

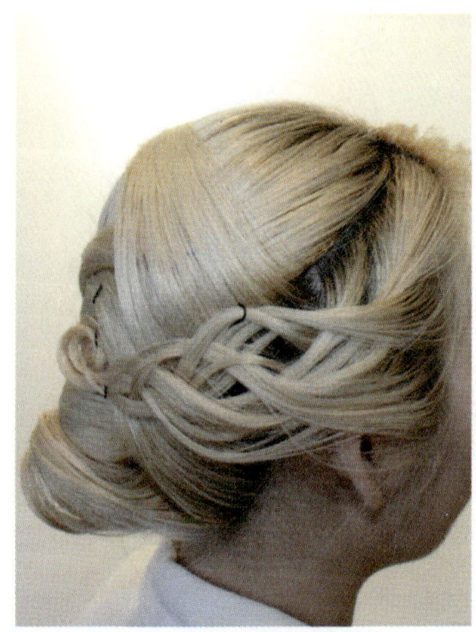

27. 땋은 머리를 결감 형성을 위해 모선을 조금씩 당겨준다.

28. 반대편 사이드 모발은 방향성을 다운 시켜 모발을 겹쳐서 옆머리 땋기를 해준다.

29. 땋기를 진행한다.

30. 모발 끝은 고리형태로 말아 디자인해준다.

31. 실핀으로 고정 전 핀컬로 먼저 디자인한다.

32. 핀으로 고정시킨 모습이다.

각도에 따른 완성된 모습

33. 완성된 뒷모습

34. 완성된 오른쪽 모습

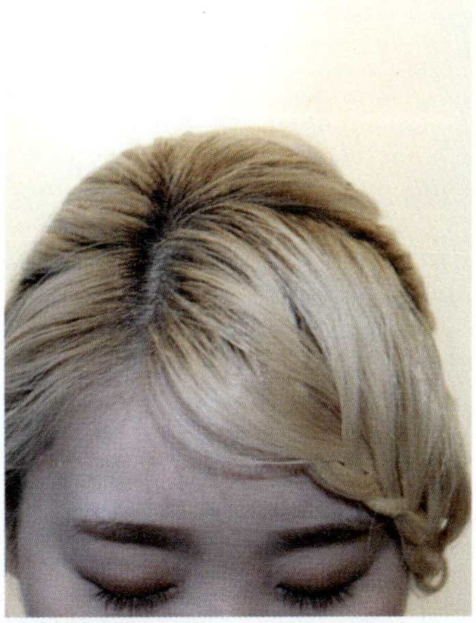

35. 완성된 앞모습

36. 완성된 왼쪽 모습

❷ 매듭 기법 업스타일

1) 사용도구

업스타일 시술 도구(꼬리 빗, 실핀, 유핀, 스프레이, 밴드, 고무줄, 광택제, 핀셋, 매직기, 아이롱기 등)

2) 작품분석

① 작품 설명 : 매듭의 독특함을 살린 디자인을 개성있게 표현할 수 있는 스타일, 매듭의 기법이 포인트로 연출된다.

② 시술기법 : 면의 넓은 부분은 매끈하게 고리와 말기 표현을 하되 사이드 부분의 모발을 매듭으로 포인트를 준다.

③ 시술 팁 : 매듭에 표현을 너무 견고하지 않고 자연스럽게 표현한다.

④ 스타일 대상 : 20대 ~ 30대

⑤ T.P.O : 웨딩, 공연, 연주회, 파티

3) 시술순서

1. 모발 끝 부분만 웨이브를 형성한다.

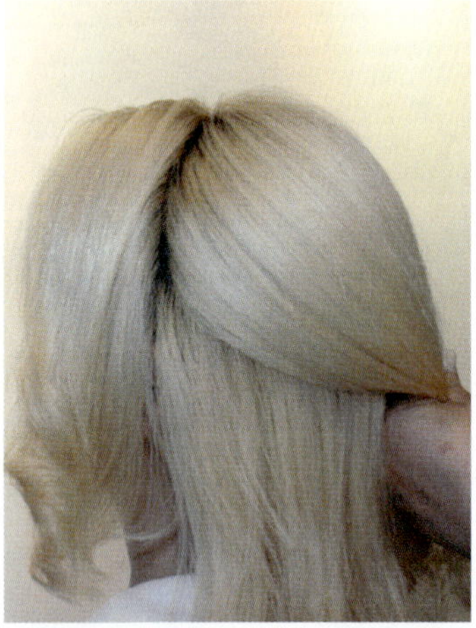

2. 이어 투 이어 섹션을 나눈다.

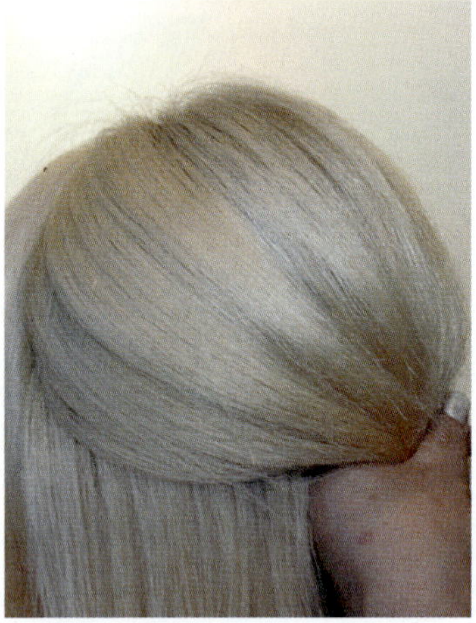

3. 톱부분 모발을 반으로 나눠 묶어 준다.

4. 밴딩을 한 상태이다.

5. 모발을 세 갈래로 나눈다.

6. 가운데 부분 모발을 반으로 나눈다.

7. 묶은 부분 모발을 위로 고정한 후 네이프 포인트 부분 모발을 묶어준다.

8. 왼쪽 네이프 부분 모발을 반대편 쪽으로 넘겨 고정시킨다.

9. 고정할 위치를 정한다.

10. 고정시킨 모습이다.

11. 반대편과 동일하게 시술한다.

12. 고정할 위치를 정하여 가져온다.

13. 다음 모발도 고정할 위치를 정하여 가져온다.

14. 남은 모발도 가져온다.

15. 위치를 정하여 고정시킨다.

16. 네이프쪽 모발을 말기기법을 사용하여 올려 디자인한다.

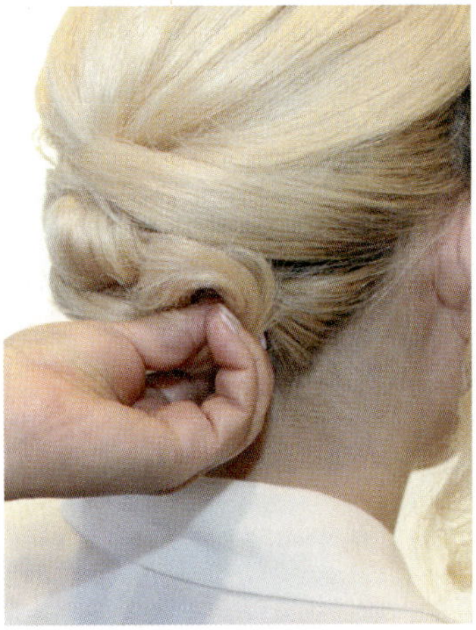

17. 모양을 만들어 고정시킨다.

18. 고정시킨 모습이다.

19. 사이드 모발을 꼬아준다.

20. 겹쳐서 밑 부분 모발까지 꼬아 준다.

21. 꼬기를 진행한다.

22. 꼬은 모발을 매듭기법으로 묶는다.

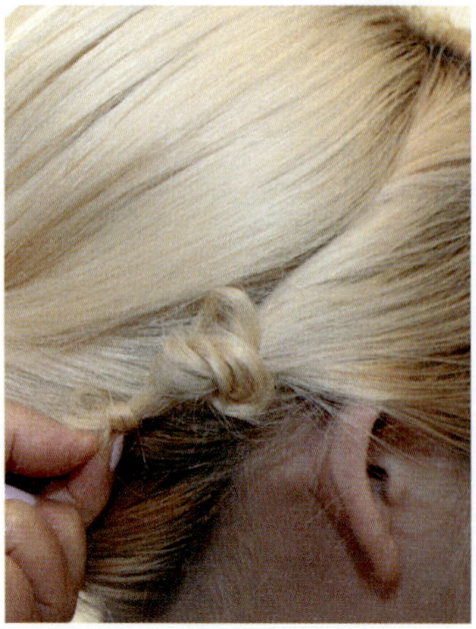

23. 묶은 모습이다.

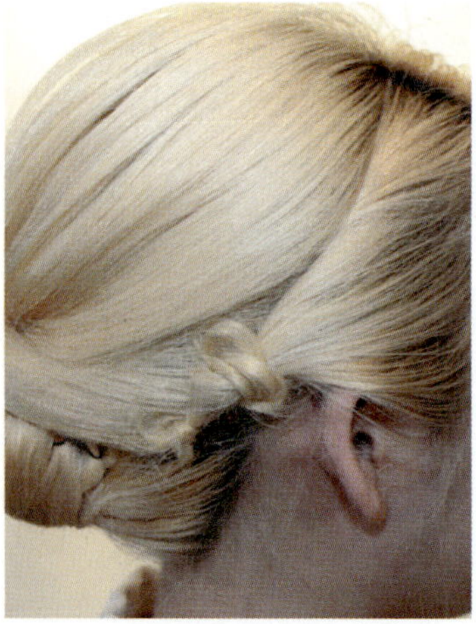

24. 끝 부분을 핀으로 고정시킨다.

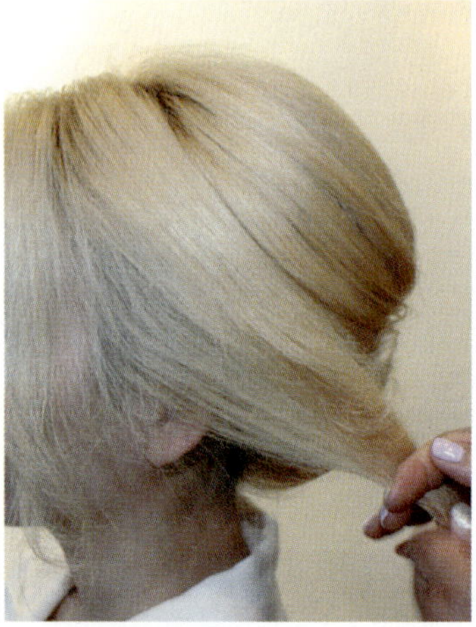

25. 앞머리를 빼놓고 사이드부분을 세 갈래로 나눠준다.

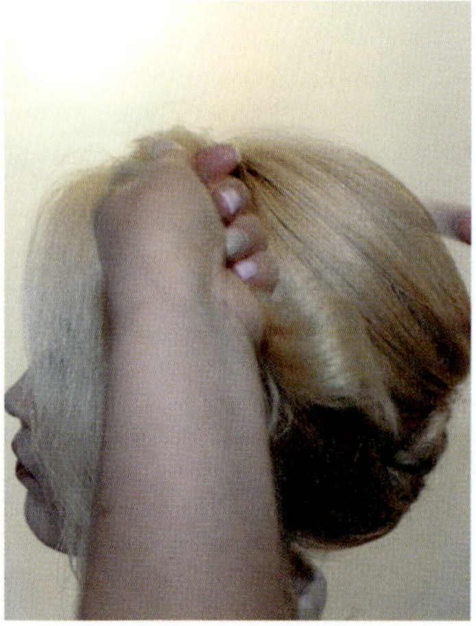

26. 다음 연출할 모발을 잡는다.

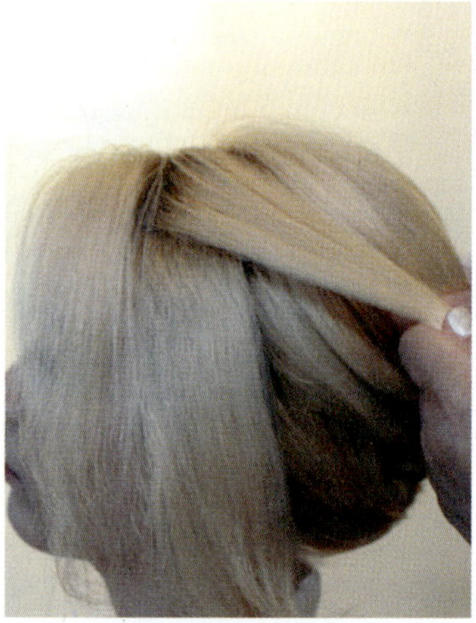

27. 나눈 모발을 매듭기법을 사용하여 묶어준다.

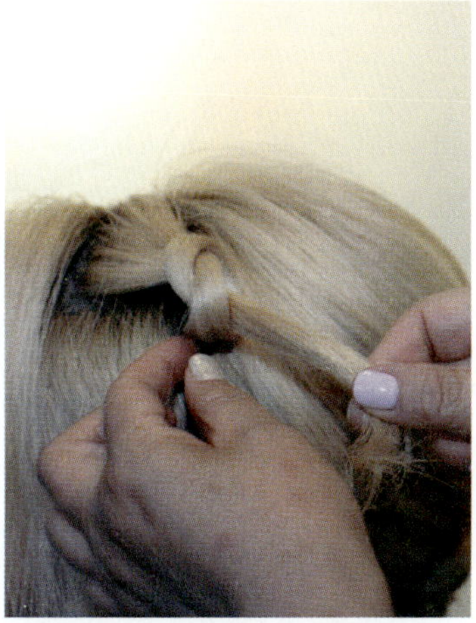

28. 두 개의 매듭으로 연결시킨다.

29. 만든 고리를 고정할 위치를 정한다.

30. 다음 모발도 고리를 만들어 고정할 위치를 정한다.

31. 고정된 모습이다.

32. 고리를 확대한 모습이다.

각도에 따른 완성된 모습

33. 완성된 모습

34. 완성된 뒷모습

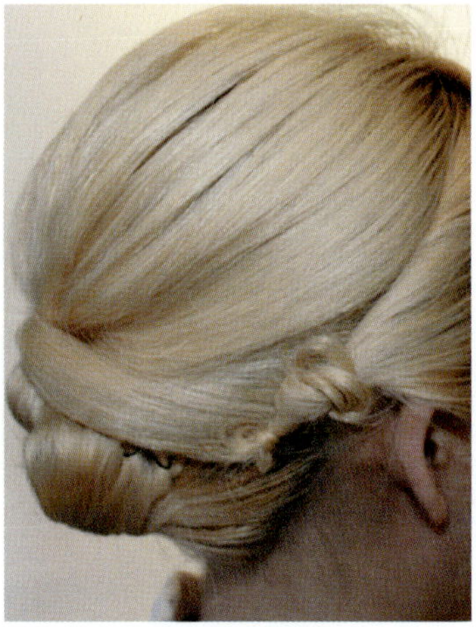

35. 완성된 오른쪽 모습

36. 완성된 앞모습

37. 액세서리를 사용한 완성된 모습

38. 액세서리를 사용한 완성된 모습

UP STYLE

UP STYLE

제10장

응용작품

1 응용작품1

1) 사용도구

업스타일 시술 도구(꼬리 빗, 실핀, 유핀, 스프레이, 밴드, 고무줄, 광택제, 핀셋, 매직기, 아이롱기 등)

2) 작품분석

① 작품 설명 : 옆머리 디자인으로 모선을 매끈하지 않게 하고 흐르는 결을 유지하여 트렌디한 디자인으로 응용한다.

② 시술기법 : 두피에서 모발까지의 밴딩으로 공간 확보를 하여 자연스러운 볼륨과 두상의 단점을 보완하여 시술한다.

③ 시술 팁 : 상위로 연결되는 모선의 흐름을 균일하게 하여, 안정감을 만든다.

④ 스타일 대상 : 20대 ~ 30대

⑤ T.P.O : 데일리룩, 돌잔치, 웨딩, 공연, 연주회 등 모든 행사 가능한 스타일

3) 시술순서

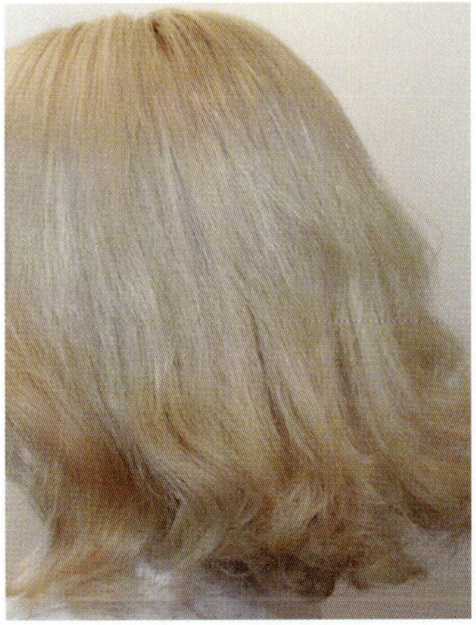

1. 모발 끝 부분에 웨이브를 형성해 준다.

2. 이어 투 이어 섹션을 나눈다.

3. 나눈 모발을 톱 포인트까지 모두 끌어 올린다.

4. 모발을 볼륨감을 살려 묶어준다.

5. 웨이브 정리를 한다.

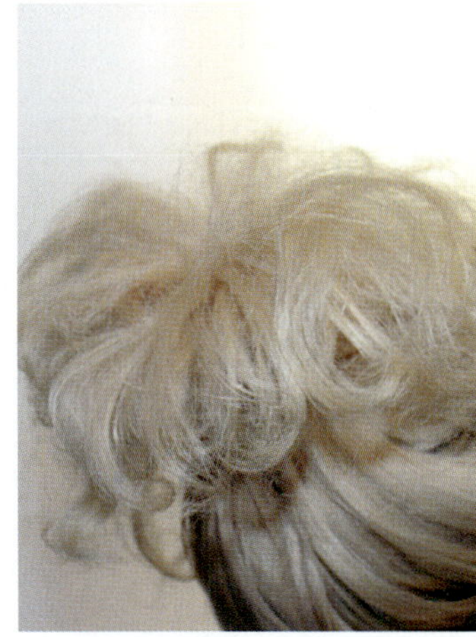

6. 끝부분을 동그랗게 펼쳐준다.

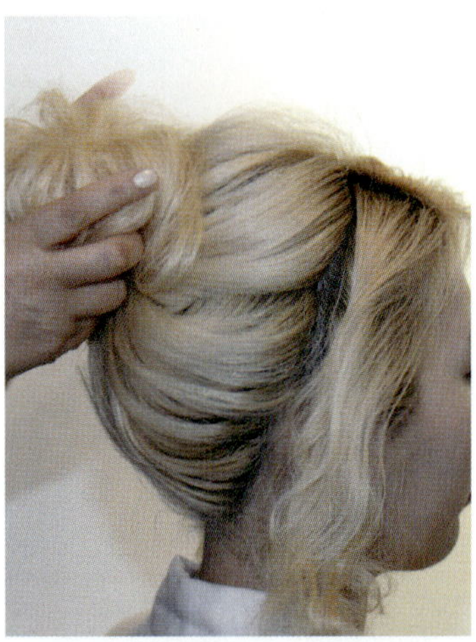

7. 펼친 모발을 모아 정리한다.

8. 모양을 만든다.

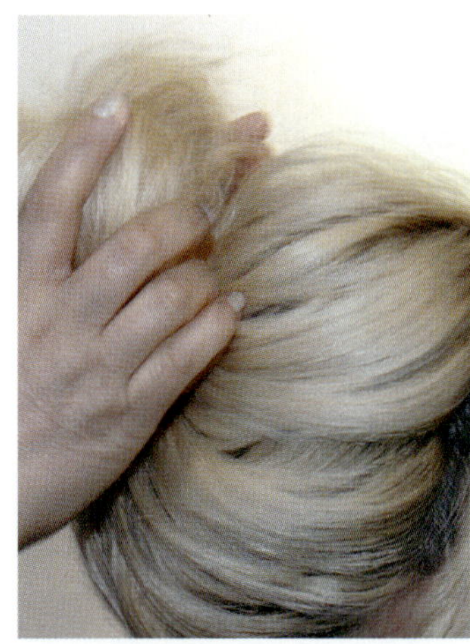

9. 모양을 계속 만든다.

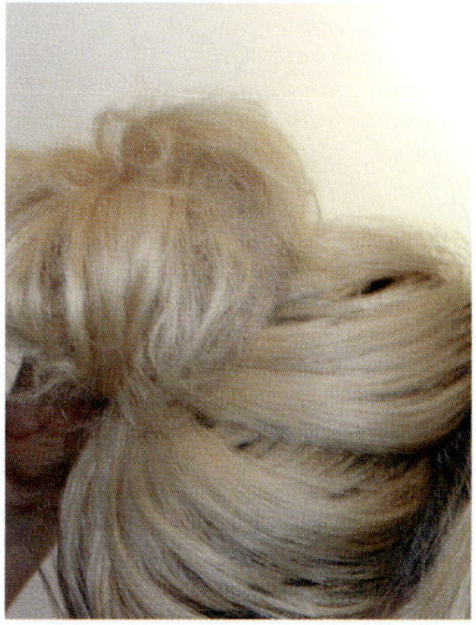

10. 고무줄로 고정한다.

11. 고정된 모습이다.

12. 사이드 모발의 결을 살려 톱포인트 쪽으로 고정한다.

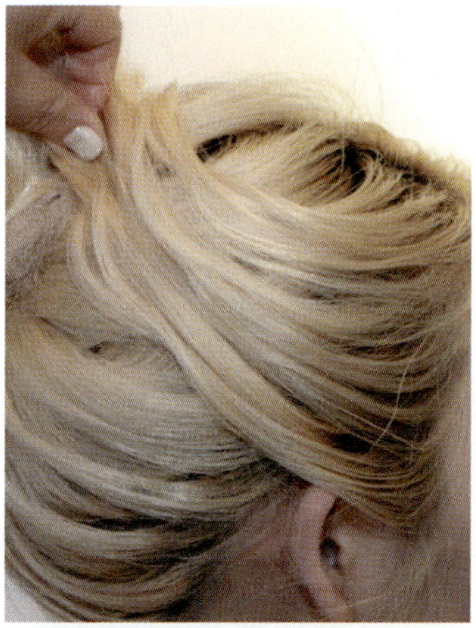

13. 고정할 위치를 정한다.

14. 고정된 상태이다.

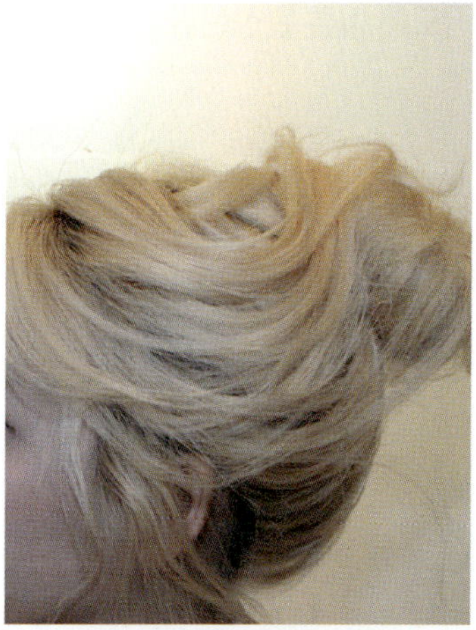

15. 반대편도 동일하게 시술한다.

16. 고정할 위치를 정한다.

각도에 따른 완성된 모습

17. 완성된 모습

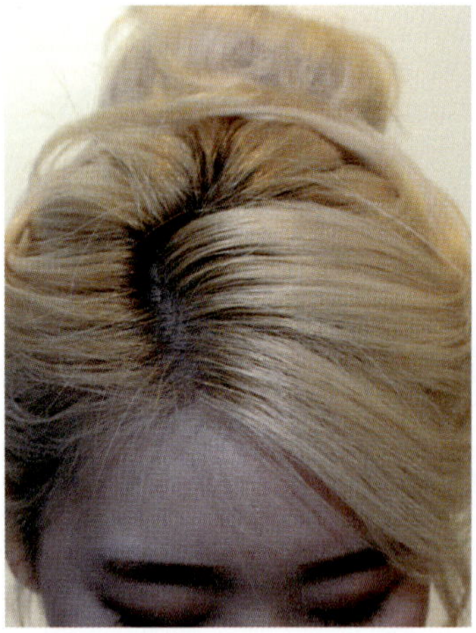

18. 완성된 앞모습

19. 완성된 오른쪽 모습

20. 완성된 오른쪽 모습

21. 완성된 뒷모습

❷ 응용작품2

1) 사용도구

업스타일 시술 도구(꼬리 빗, 실핀, 유핀, 스프레이, 밴드, 고무줄, 광택제, 핀셋, 매직기, 아이롱기 등)

2) 작품분석

① 작품 설명 : 하위토대로 싱을 이용한 단아한 디자인으로 톱포인트의 볼륨으로 완성도를 높인 디자인이다.

② 시술기법 : 네이프 포인트에 토대를 밴딩하여 싱을 원형모양으로 감싸서 말기기법을 이용해 싱을 감싸서 디자인을 정리한다,

③ 시술 팁 : 모발이 짧은 머리에도 적절하며 모량이 적은 모발에도 싱으로 볼륨이 가능하며, 모든 디자인이 용이하다.

④ 스타일 대상 : 20대 ~ 40대 이상 모든 스타일에 가능

⑤ T.P.O : 돌잔치, 웨딩, 액세서리 사용으로 한복스타일도 가능

3) 시술순서

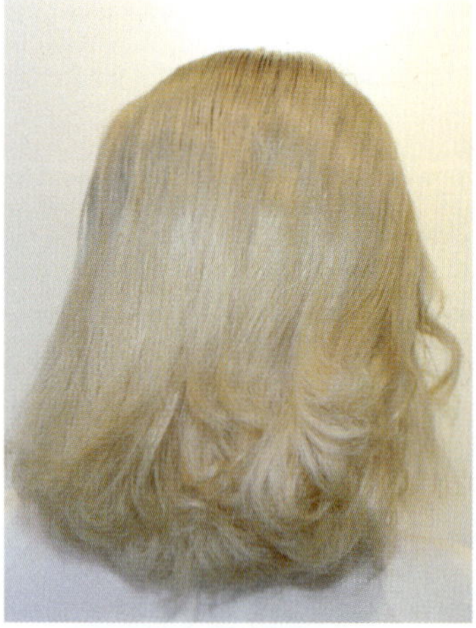

1. 모발 끝에 웨이브를 형성한다.

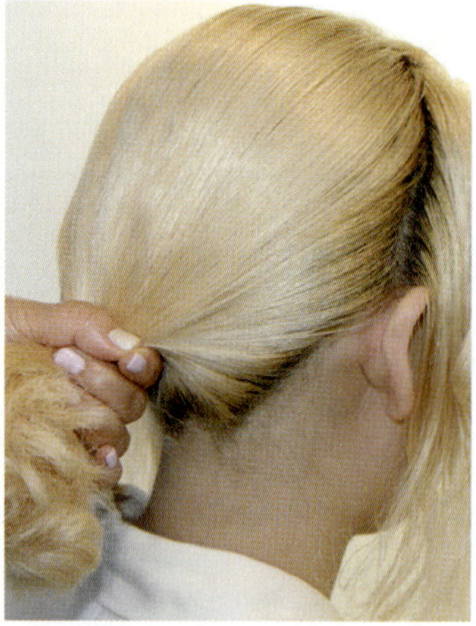

2. 백포인트 쪽에 토대를 설정한다.

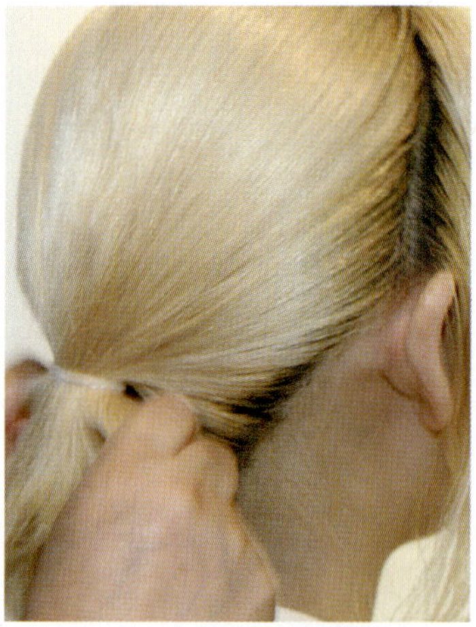

3. 토대를 묶어준다.

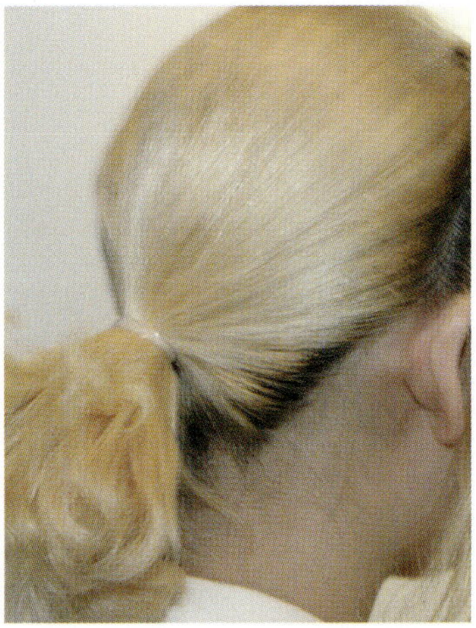

4. 묶은 모습이다.

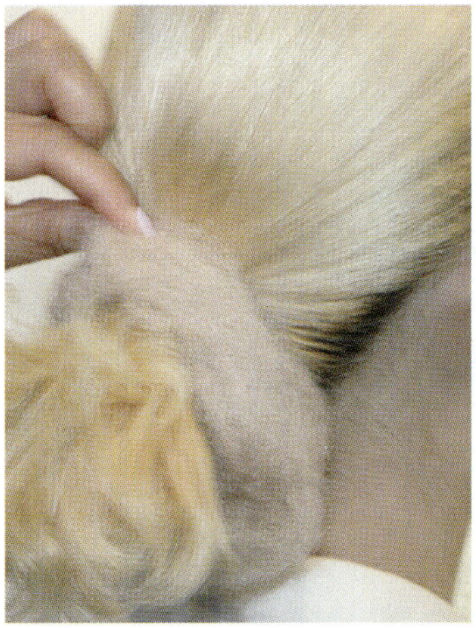

5. 싱을 사용하여 묶은 토대 위에 링 모양으로 고정시킨다.

6. 싱을 고정시킨 상태이다.

7. 톱 부분 볼륨을 위해 톱포인트와 사이드 부분 모발을 뒤로 넘긴다.

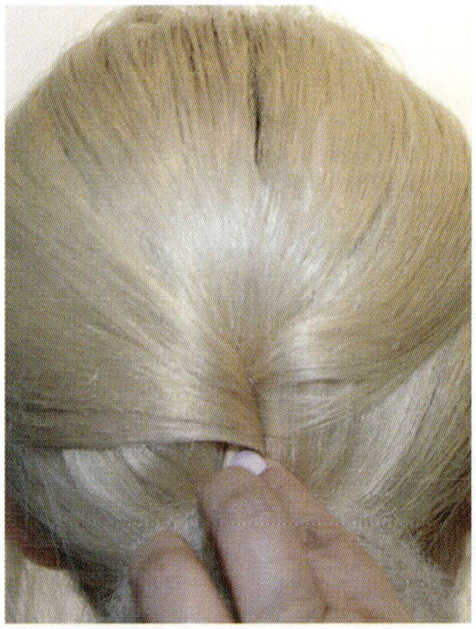

8. 넘긴 모발을 꼬아서 토대 위에 고정시킨다.

9. 고정시킨 모발을 싱 사이로 뺀다.

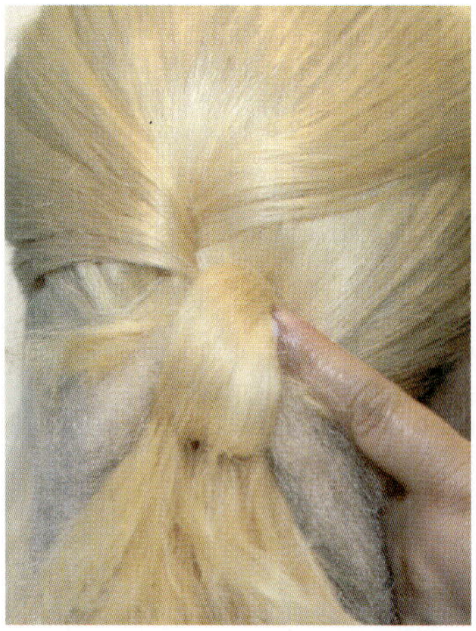

10. 뺀 모발을 말기 기법을 이용하여 디자인한다.

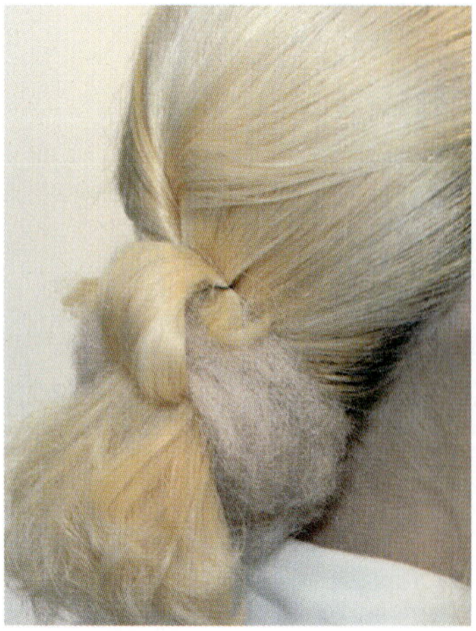

11. 모발로 싱을 감은 상태이다.

12. 모발을 싱 주위에 말기기법을 이용하여 디자인한다.

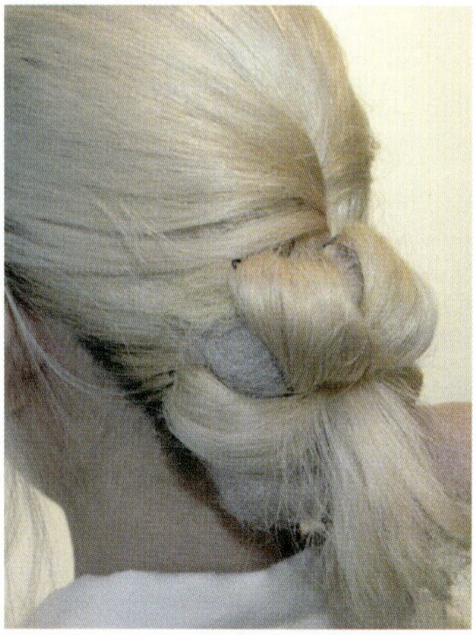

13. 싱을 감싸 모발을 정리한다.

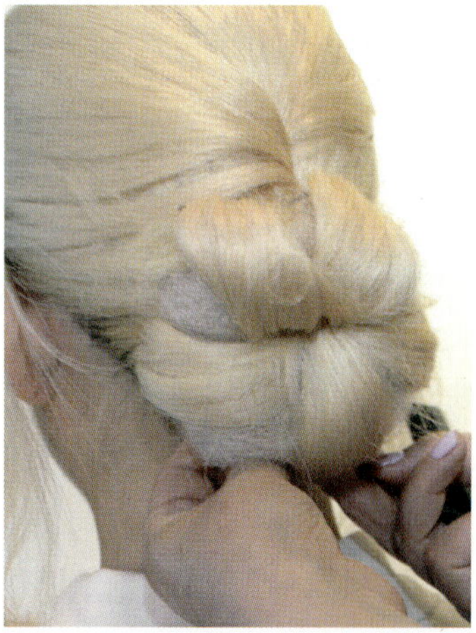

14. 모발로 싱을 감싼다.

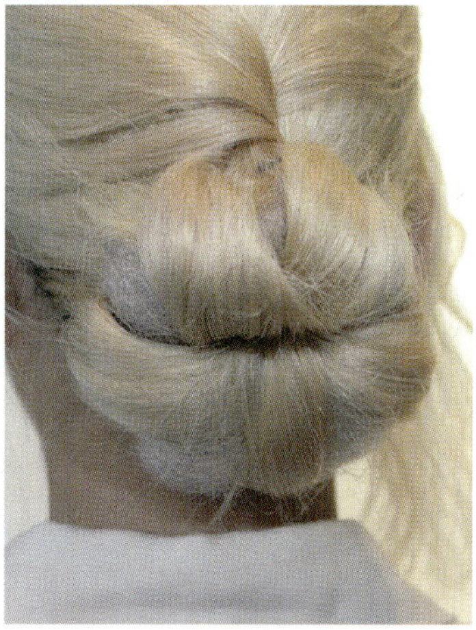

15. 모발을 고정시킨 상태이다.

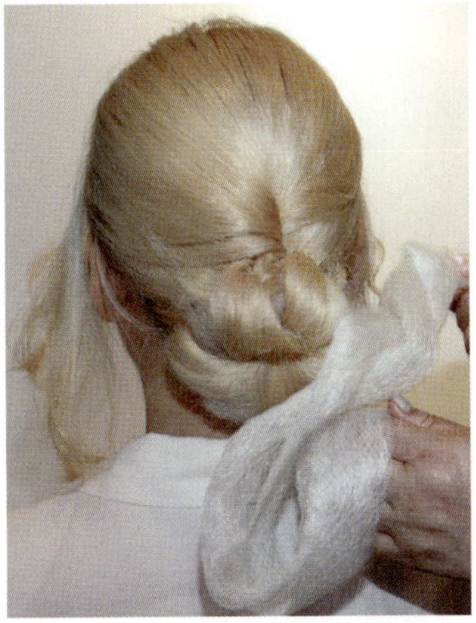

16. 화이트 롤 테이프를 사용하여 토대 끝에 연결한다.

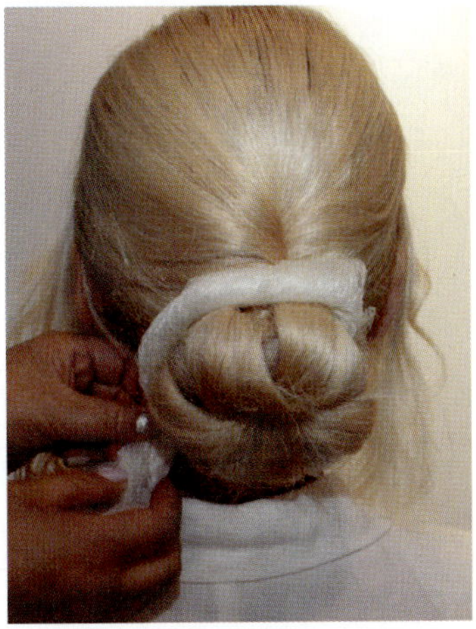

17. 화이트 롤 테이프를 꼬아 둘러 디자인한다.

18. 위치할 자리를 잡는다.

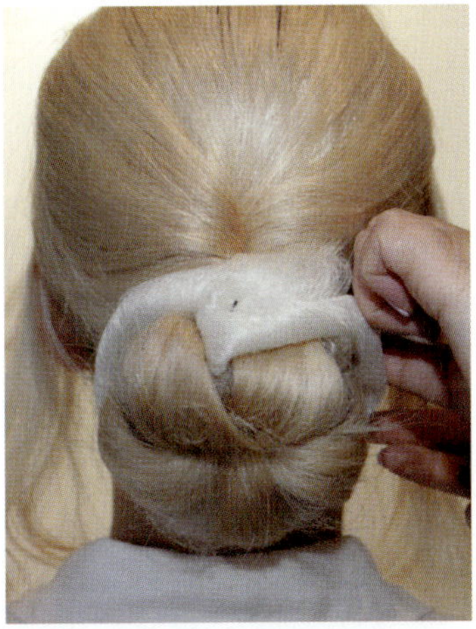

19. 핀으로 고정시킨다.

20. 고정시킨 상태이다.

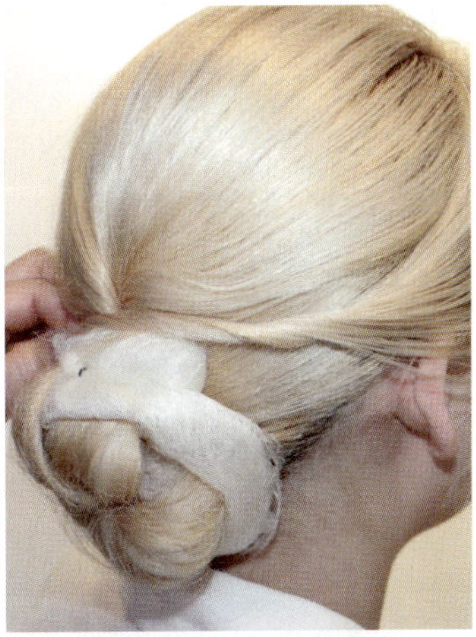

21. 사이드 모발을 뒤로 넘겨 꼬아 토대에 고정한다.

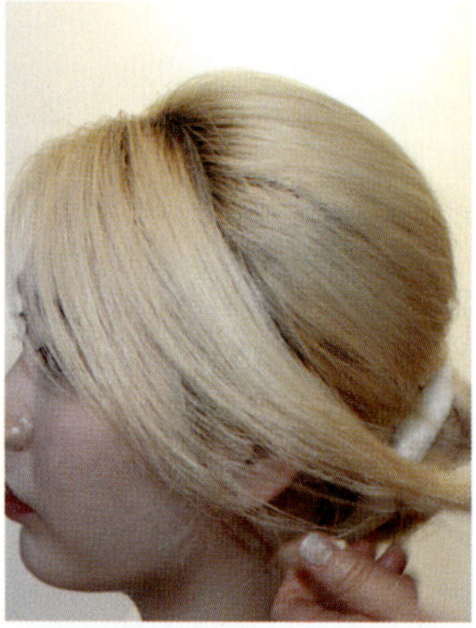

22. 반대편도 동일하게 디자인한다.

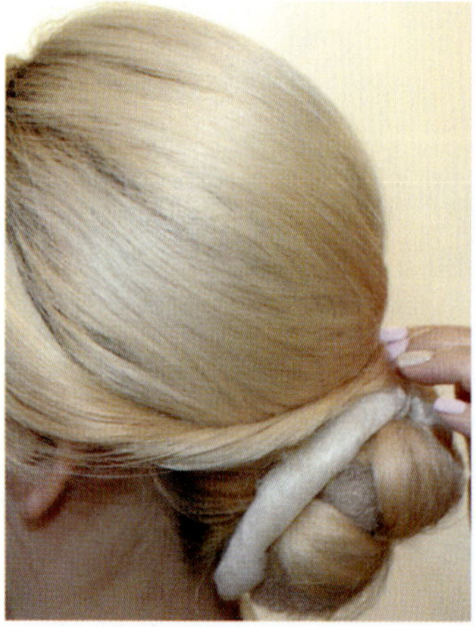

23. 고정할 위치를 정한다.

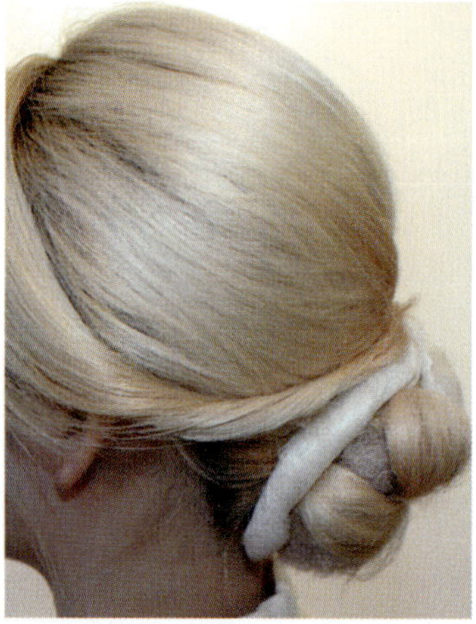

24. 고정시킨 상태이다.

각도에 따른 완성된 모습

25. 완성된 앞모습

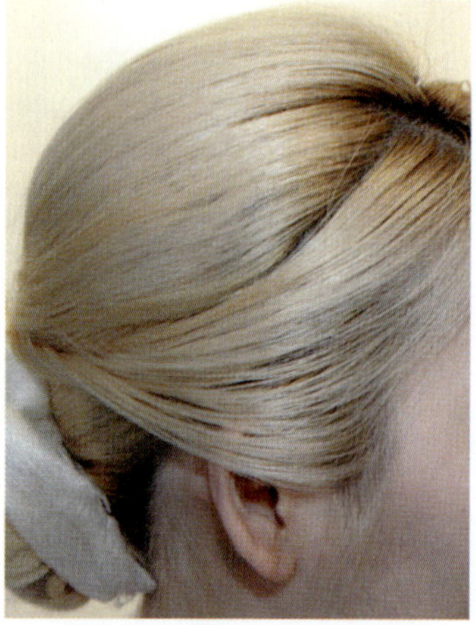

26. 완성된 옆모습

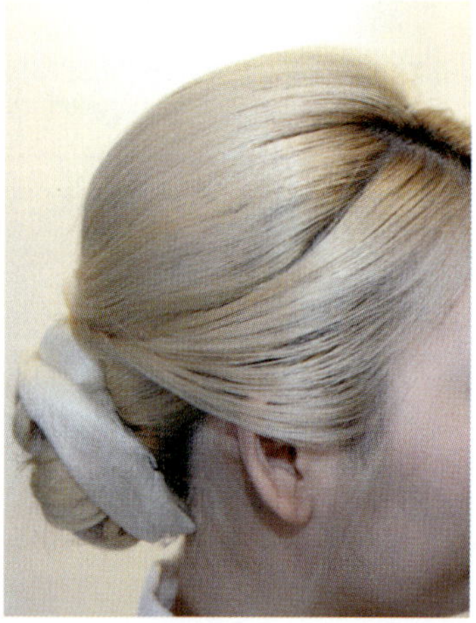

27. 완성된 옆모습

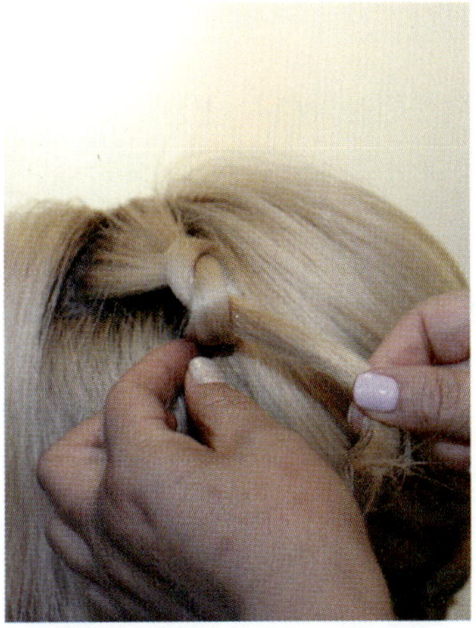

28. 완성된 뒷모습

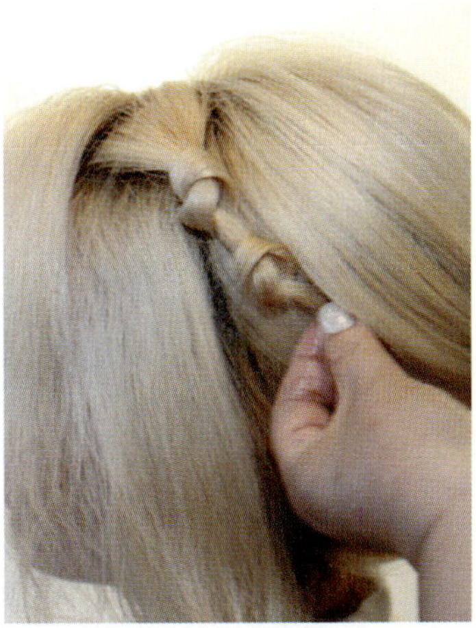

29. 완성된 뒷모습

30. 완성된 옆모습

31. 액세서리를 이용한 완성된 모습

참고문헌

고정민, 김주섭. 엘레강스 이미지를 이용한 네일아트 디자인연구. 대한피부미용학회지, 10(2). 2012.

고현진. 1990년대 이후 패션에 나타난 엘레강스 스타일의 미적 특성. 한국의류학회지. 2004.

김영주. 현대 헤어스타일에 나타난 미니멀리즘, p1. 2007.

김정아. 아르누보 양식의 조형적 특징을 응용한 헤어 디자인 연구. 호남대석사학위. 2010.

김주섭, 백선영, 이종민. 현대헤어스타일에 나타난 아르누보 양식연구, 6(2). 2008.

이명화, 김주섭. 에스닉 특징이 표현된 레게머리 스타일. 대한피부미용학회지, 10(3). 2012.

이미정, 김주섭. 아르누보적 특성을 지닌 업스타일 연구. 대한피부미용학회지. 7(3). 2009.

이미정, 김주섭. 감성으로 표현한 실용 업스타일. 구민사, 2013.

이백. 미니멀 아트에 관한 연구. 단국대학교 대학원 석사학위 논문. 1990.

이영미. 현대 컬렉션에 나타난 헤어스타일 시뮬라시옹 표현양상에 관한 연구. 서경대박사학위. 2010.

조민경. 에스닉 이미지의 복식에 따른 메이크업 연구. 성신여자대학교 조형대학원 메이크업코디 전공. 2006.

최은정, 김주섭. 미니멀리즘 특징에 보여지는 매니쉬 헤어스타일 경향. 대한피부미용학회지, 10(2). 2012.

홍나영. 에스닉 이미지의 복식에 따른 메이크업 연구. Ibid., p118.

NAVER 백과사전